電子制御工学シリーズ 2

回路設計

監修：久保 和良
著者：久保 和良・井手尾 光臣・加藤 康弘

電子制御工学シリーズ　刊行にあたって

このたび，電気・電子・機械・情報の工学分野を網羅する「電子制御工学シリーズ」を企画した。「広く深いが，わかりやすい」がモットーである。本シリーズでは，電気，機械，情報の 3 分野をまとめて工学として考え，横断的工学に沿う計測制御および関連するシステム技術の基礎を述べる。即ち具体的な講義と工学実験を念頭において，初学者にもわかりやすい教科書教材を提供することにした。したがって回路学，磁気学，力学，数学，コンピュータ科学などを多少学んだ方が，次の階段を登って「工学を学んだ」と言えるような，その階段を平易に登るための内容になっている。

昨今の科学技術の発展には目を見張るものがある。ここで「流行と本質」という視点で見ると，案外に先端技術は流行的であり，優れた専門家の活躍は目覚ましいものの，専門の細分化が生じ，横断型発想からは離れてゆくように見える。一方，科学技術の本質は開発に重要な基盤技術であり，これは工業には大事な部分であって，時代を超えて変わらない。しかし近年，大学工学部等の高等教育機関のカリキュラムは，これに割く時間が少なくなった。

筆者は 30 年以上の技術教育を経験して，かつての電子制御工学教育が本質的なものであったと気づいた。そして，流行よりも，本質の部分を残しておきたいと考えた。電子制御工学とは，フィードバックの仕組みに立脚した，システムの基礎的学問であり，そこには実践的な教養も含まれる。教育的観点からすると，4 つの工学問題（分析問題，同定問題，設計問題，制御問題）をカバーしつつ，分野を特定することなく工学的な基礎教育である。

そこで，電子制御工学シリーズとして，計測工学，制御工学，回路設計，信号処理，プログラミングなどの基本書籍を出版してゆくことにした。このシリーズが読者の力になることを，願っている。

2023 年 8 月
監修者　久保和良

まえがき

本書は，既に電気回路や電子回路を学んだ読者，例えばトランジスターのハイブリッドパラメータ（h_{fe} など）を一度は扱ったことのある方が，次に本書で回路素子の組み合わせを学ぶことを想定している。本書で扱う内容を身につけていただくと，回路設計や研究開発に携わる際に必要となる基本的な考え方が習得できているので，各分野での経験をさらに積んでいただければ，現場での設計に容易に入ってゆける想定をした（図 1）。

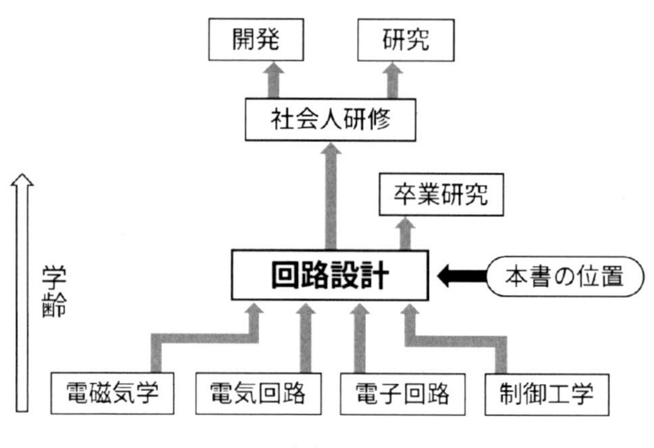

図 1　本書の位置づけ

具体的には，既に知っている知識を一度忘れていただき，トランジスターであれば電流増幅率 β のみを使い，トランジスター動作がオンかオフかだけに着目して回路構成を考えてゆく。開発現場では大抵まずラフスケッチをする必要があるが，この段階で詳細なハイブリッドパラメータを使うような連立方程式を解くことは稀で，おおらかに部品を組み立てて図面を作り上げるのが設計の第 1 段階である。これができたなら，次に詳細分析を行うために，既修得の回路工学の知識を使えばよい。場合によっては，ラフスケッチの後の詳細分析で回路シミュレータを使うのもよいだろう。開発設計の現場では，まずフリーハンドスケッチをして次にシミュレータを使うのが鉄則である。本書はそのような高いレベルの設計を想定している。

本書の狙いは，このような設計を高専でいうと 3 年次後期に実施するところであるから，いたずらに多くの部品を扱うことは避ける。例えばトランジスターは扱うが，FET はその応用技術として拡張理解が可能であるから，本書では割愛する。このような考え方によると，学齢で高校 3 年生相当の学生にも，容易に回路設計が理解できる。一度このコツが身につけば，応用的な部品も容易に扱うことができる。

本書では，直感的にアイディアを刺激する回路構成を示しているため，厳密さを欠く部分もあるが，そこは履修済みの回路学を復習して補っていただきたい。また，微細な数式を振り回すことは避けているので，詳しい分析は他書を参照されたい。ただし所々で天下りの式を導入するが，これは証明なしで示した方が設計の思考を止めないために有効と判断してのことである。

最後に，特に「設計」を強調する理由を述べておきたい。従来の電子回路工学の教育は，分析に徹しているように思われる。これを「木を見て森をあとまわし」方式とするなら，「森を見よう，既に木は見たから」方式を追加するべきと考えた。つまり，回路教育の次のステップとして，卒業前に設計志向の回路技術を学ぶことと，電子制御工学的なシステム指向の設計問題のセンスを身につけてもらうことの重要性を意識した。また，回路スペシャリストの育成は大切だが，ご自身の研究のために回路を道具として使いたい方も少なくないはずで，本書はそのような技術者を読者として想定した。使う立場にやさしい，稀有な回路教科書を意図した所以である。

著者らの浅学のゆえ，思わぬ誤りを畏れ，読者諸姉諸兄のご批判をお待ちします。今回，近代科学社はじめ，各位のご理解をいただいた。お礼を申し上げます。本書が若い技術者の力になることを祈りつつ。

2023 年 8 月
著者を代表して　久保和良　識す

目次

第1章

回路設計の基礎

設計とは，指定された機能を有する具体的なものを構成することを意味する。特に回路設計では，一つ一つの部品をどのように組み合わせるかによって，様々な特性を有する回路を構成することになる。本章では素子の組み合わせ方の基本を理解する。

1.1　回路設計

本節では，回路設計の学習を進める上での基本事項や注意点を示す。

1.1.1　回路図

回路図は，機能的に見て原因が左側，結果が右側になるようにひく。この結果，上流の信号が下流に流れる様子が左から右に描かれ，逆向きに描かれるのはフィードバックということになる。したがって，左側に入力端子，右側に出力端子が来る。なお，機能の左から右の流れとは，必ずしも電流が左から右に流れる意味ではない。つまり出力が電流を吐き出すこともあれば，電流を吸い込むこともあるので，電流の流れではなく，仕組みとしての前段から後段への流れに沿って左から右に書くことに注意しよう。また，回路図は，高い電位が上側，低い電位が下側になるようにひくので，多くの回路図では電流は上から下に流れることになる。

次に，決められた記号を使う，または記号を統一することも重要である。誰でも読めるようにするためにはJISなどで統一した記号に準拠するのが望ましいが，特定のチームなどで特有な記号を決めておくことはありうる。その場合は，事前に運用を合意しておく。例えば本書では抵抗に（JISでは長方形を使うところだが）旧式のギザギザで統一している。これは，長方形はインピーダンスを表す便宜上の統一記法である。また，本書では 0 電位点を「**グランド** (ground；GND)」と呼ぶことにしている。通常の教科書では**アース** (earth) と呼ぶのであるが，実験室ではいちいち地球に接地して思考するわけではないので，基板上でのグランドラインに統一する方が実情に合っているからである。なお，0 電位点の記号にはローカルルールとしての明確な書き分けがあることが多い。例えば通常のグランドは下向き塗りつぶしなしの三角，アナロググランドには塗りつぶし付きの下向き三角，地球へのアースには三の字を逆三角にした記号，シャーシグランドには横棒の下に斜めの川の字，といった具合である。本書では特に意図がないものは横

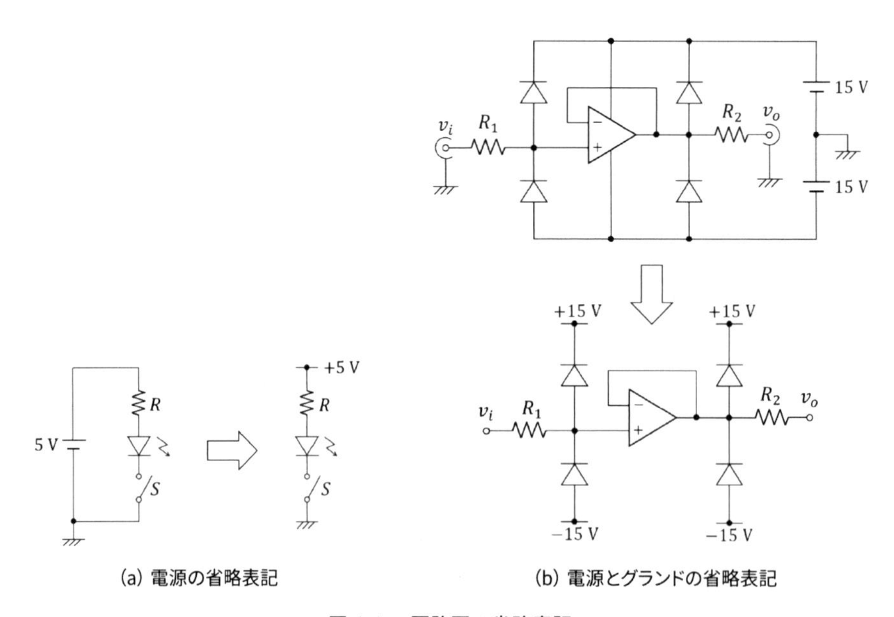

(a) 電源の省略表記　　(b) 電源とグランドの省略表記

図 1.1　回路図の省略表記

棒の下に斜めの川の字で統一した。

また，回路図では省略表記が使われることが多いことも指摘したい。頻繁に省略されるのは電源である。図 1.1 に，電源の省略の具体例を示した。図 1.1(a) は左側が実体配線に近い回路である。スイッチ S が閉じると電流の周回ができ，これを閉回路または単に**回路** (circuit) という。このスイッチは作用するとき導通して回路ができるので，**メイク** (make) スイッチという。一方，逆に作用することで回路を遮断するスイッチもあり，これは**ブレイク** (break) スイッチという。通常の回路図ではこれを図 1.1(a) の右側の回路図のように省略表記すれば十分である。図 1.1(b) は上側に実体配線図を示している。正負の 15 V 電源があり，基準電位をグランドで表しているが，実際には下側の図に示すように電源およびグランドを省略することが多い。そのほかに省略される傾向にあるのは，電源を部品近くで安定化するためのバイパスコンデンサーや，筐体，シャーシ，シールドなどである。もちろん，それらが重要な意味を持つときには省略できない。

1.1.2 電流と電圧および量の表記

回路は一般的に，負荷に**電圧** (voltage) を加えると**電流** (current) が流れると考えれば直感的に理解できる。このとき，原因が電圧で結果が電流である。しかし本質的には電流が流れてその結果として電圧降下が起きると考えるのが，今日の科学的な考え方である。それゆえに国際単位系ではアンペア A が基本単位となっている。この考え方によると，まず電子が材料を流れ，**電荷** (electrical charge) の時間微分としての電流が流れる。この，電子の持つ電子素量は負であるため，電子の流れと電流の流れは逆向きになる。次に，電流が負荷を流れると，電位差という電圧降下を生じる。降下という言葉を使うのは，電流の流れに沿うと電位が下がっているように見えるからである。このときは，原因が電流で結果が電圧となる。

実は**位差量** (across variable) としての電圧と，**流通量** (through variable) としての電流は**双対** (duality) の関係にあるから，どちらを原因としてもいずれもが正しいと言える。位差量を流通量で割ると**インピーダンス** (impedance) になり，位差量と流通量の積は**パワー** (power) である。

一般に回路は電圧を入力として受け取り，その電圧信号を加工して，出力として電圧を外側に受け渡すことが多い。このとき，パワーが一定であるなら，電流を微弱にして精密な電圧を入力するのが望ましいので，**入力インピーダンスは高く設計する。**同様に，出力は精密な電圧を十分な電流で駆動した方がよいので，**出力インピーダンスは低く設計する。**なお，本書ではインピーダンスを示すために四角の記号を使い，電気抵抗を示すためにギザギザの古い記号を使うことにした。

インピーダンスの大小は，**テブナンの定理** (Thevenin's theorem) により容易に理解でき，例えば電源装置の出力インピーダンスは極めて低い。したがって，回路出力や電源端子，グランド端子などを直結すると，弱い回路は故障することになる。これは設計上，特に避けるべきことである。

電圧や電流，抵抗などの物理量はイタリック体で表記し，v_1 = 5.0 V，i_1 = 200 mA，R_1 = 15.0 kΩ などと表すのが，国際単位系 SI(2019) の決まりである。数値と単位はローマン体で表記し，間に半角スペースを入れる。単位は括弧でくくらない。電気電子工学では古くから単位を括弧でくくる流儀があるが，これからの技術者が回路図を書くために，このような細かなことにも注意を払いたい。

1.1.3　素子と電源およびスイッチ

図 1.2 に，受動的な線形 2 端子素子を示した。図 1.2(a) には一般的なインピーダンスの型を示した。電流が流れると電圧降下を生じるので，素子の電位差は電流と逆向きに表記している。図 1.2(b) には線形 2 端子の代表素子の**抵抗** (resistor)R，**コンデンサー** (capacitor)C，**コイル** (inductor)L を示した。抵抗だけは，電圧－電流特性が直線的で線型（線形関係にある量構造の型）である。コンデンサーとコイルは積分と微分の形になるが，周波数領域で $j\omega$ を使うと比例形式になるので，これら 3 素子はいずれも線形素子と呼ばれる。

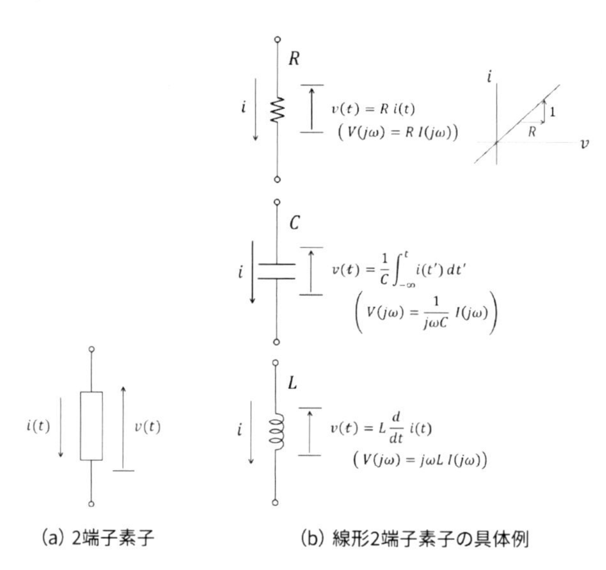

図 1.2　受動的な線形 2 端子素子

3 つの素子のうち抵抗はエネルギーを消費する素子で，その他の 2 素子はエネルギーを一時的に蓄える素子である。コンデンサーは電荷によってエネルギーを蓄え，コイルは磁束によってエネルギーを蓄える。

図 1.3 に，能動素子としての電源を示した。図 1.3(a) は一般的な電源の型を示していて，素子の電位差と電流を同じ向きにとると都合が良い。図 1.3(b) は，直流・交流のそれぞれ電圧源と電流源を示している。電圧源は電圧が固定されていて，電流は外付けの回路によって決まるので，電流は（多くの場合正の）任意の値を取る素子である。これに対して電流源は電流が固定されていて，電圧は外付けの回路に依存して任意に決まる素子である。図 1.3(b) には，それぞれ電圧と電流の関係を略式にグラフ表示した。なお現実の設計では電圧源の電流上限などは別に定められているので，詳細設計の際に素子の選定やパラメータの設計には注意する。いずれの電源にも**交流** (Alternative Current: AC) と**直流** (Direct Current: DC) があり，交流は正負に変動する**正弦波** (sinusoidal wave) が一般的である。歪波や雑音源にまで拡張するなら，信号処

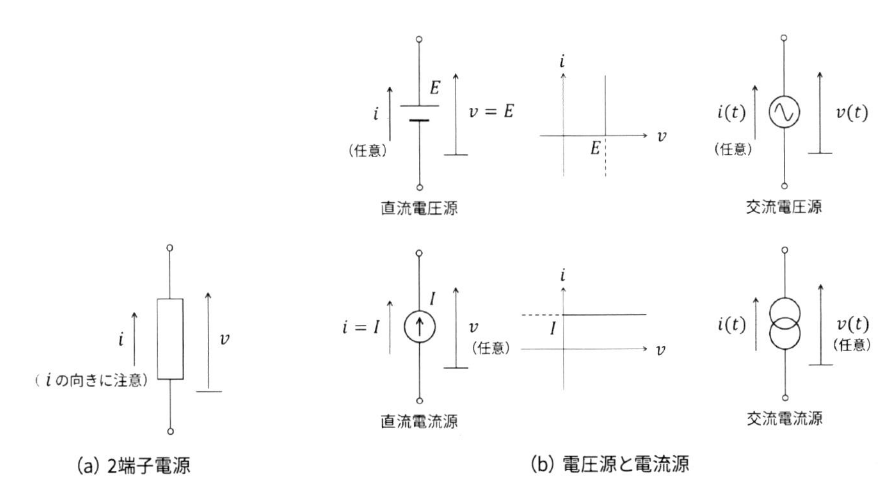

図 1.3　電源の具体例

理の領域であろう。また交流 100 V の片側最大振幅は 141.4 V（公称値の $\sqrt{2}$ 倍）である。これは実効値を計算して直流と同じエネルギーになるように交流公称値を決めているためである。

図 1.4 は**スイッチ** (switch) の典型動作を示している。図 1.4(a) はスイッチが開いていて回路を break しているので，両端の電位差は任意で，電流は 0 である。これは電流源で $I = 0$ A としたことに相当する。図 1.4(b) はスイッチが閉じていて回路を make しているので，両端の電位差は 0 で，電流は任意である。これは電圧源で $E = 0$ V としたことに相当する。図 1.4(c) はいくつかのスイッチの例を示している。押しボタン式の make SW と break SW は，それぞれ N.O.(Normal Open)，N.C.(Normal Close) と略称されることがある（より正しくは NO 接点 (Normally opened contact / NO contact)，NC 接点 (Normally closed contact / NC contact) ともいう)。それら両者を 1 つのスイッチで実現する切り替えスイッチも例示した。

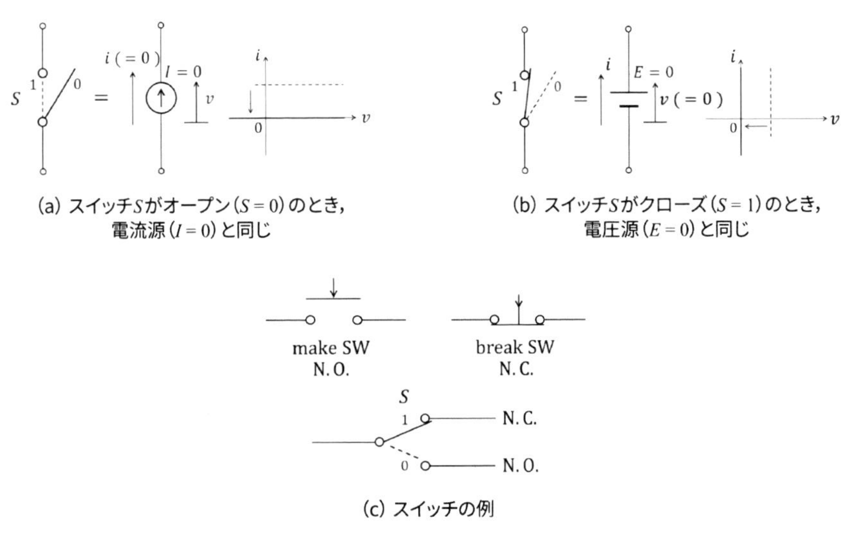

図 1.4　スイッチの具体例

ここまでで線形素子，電源，スイッチを確認した。第 2 章では非線形素子としてダイオードを導入し，第 3 章では増幅機能を持つトランジスターを導入する。第 4 章ではオペアンプを導入し，第 5 章ではモジュールの内部機能を見てゆく。

1.2　素子の組み合わせ

素子は単体でいる限り，そのものの機能しか持たない。例えばコンデンサーは，外部電源から電荷をチャージし，その電荷を抵抗で消費するなどをして初めてシステムの構成要素としての意味を持つ。このように素子を組み合わせて初めて設計ができるわけであるが，一方で素子は外部に接続された素子または回路によって本来の自由度を失うことも事実である。

この,「素子は組み合わせることによって素子自体の自由度を失うが，システムとしては新しい**機能** (function) を持つ」ということを確認しておこう。

1.2.1　素子の組み合わせと動作点

図 1.5 に，最も簡単な素子の組み合わせを示した。図 1.5(a) は組み合わせる前に電圧源と電気抵抗を並べただけの状態で，素子には相互に自由度がある。一方，図 1.5(b) は素子をつないで組み合わせたところである。この接続によって

$$(i =)\, i_1 = i_2,\ (v =)\, v_1 = v_2 \tag{1.1}$$

の拘束が生じて，双方の素子の 2 端子電流と電圧は等しくなるため，自由度がなくなる。グラフを見るとわかるように，お互いの素子の電圧と電流はただ 1 点の**動作点** (operating point) で働くようになる。このように，設計は素子を組み合わせることであり，設計が進むと拘束条件が増えて素子は自由度を失い，限定された固有の役割を果たすようになる。そして全体のシステムには新たな機能が生まれるのである。

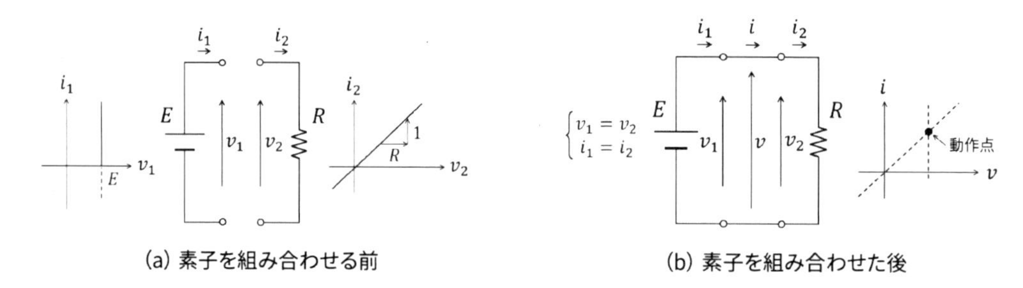

図 1.5　素子の組み合わせと動作点

設計は，物理現象をにらみながらパズルのように部品を組み合わせてゆくところに要点がある。どれほど大きな回路システムでも，細かく見てゆくと素子の組み合わせにたどりつく。繰り返すが，素子を組み合わせると素子単体での自由度は失われるが，その代わりに組み合わせた全体に新しい機能が生まれる。これはシステムの**創発** (emergence) と呼ばれる，最もシンプルな

例である。

設計では，組み合わせとそれによる構造作りに意味がある。したがって，素子の組み合わせを意識して，それによって何が生じるかを考えておくことは有用である。本章では線形素子，電源とスイッチに注目する。第 2 章以降では，非線形素子または能動素子としてダイオード，トランジスター，オペアンプを導入して，それらの組み合わせを見てゆく。そこに至る前に，以下で基本的な組み合わせを学んでおくことにする。

1.2.2　スイッチの組み合わせ

ここではスイッチを並列，直列などに組み合わせることでどのような論理回路が実現できるかを見ておく。論理回路は**真理表** (truth table) で表現できるので，それも併記する。なお，多くの教科書では真理表のことを真理値表 (true value table) と書いているが，本書では，もともとの英語の truth table をそのまま翻訳した「真理表」という呼称で統一することにした。

論理はスイッチの 1, 0 で，それぞれ真，偽の入力操作とし，出力はランプが点灯するときに論理の 1 を対応させる。図 1.6 に具体的な回路を示した。

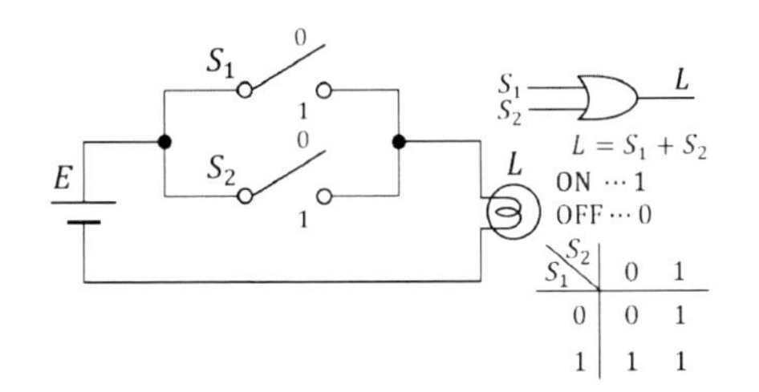

S_1 \ S_2	0	1
0	0	1
1	1	1

(a) 論理和 (OR) の組み合わせと真理表

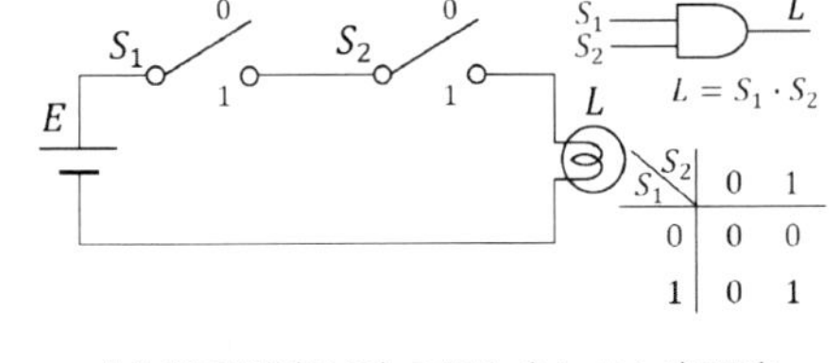

S_1 \ S_2	0	1
0	0	0
1	0	1

(b) 論理積 (AND) の組み合わせと真理表

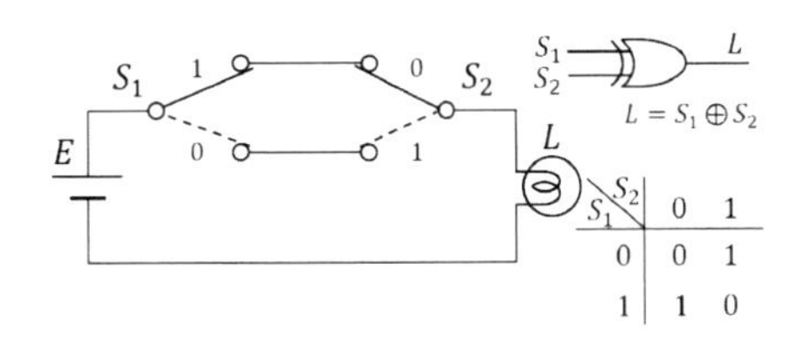

S_1 \ S_2	0	1
0	0	1
1	1	0

(c) 排他的論理和 (Ex-OR) の組み合わせと真理表

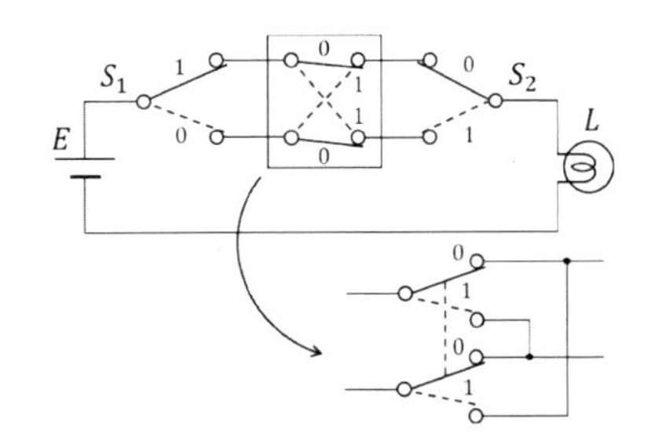

(d) 排他的論理和 (Ex-OR) の拡張

図 1.6　スイッチの組み合わせ

図 1.6(a) ではスイッチを並列に接続しており，いずれかのスイッチが導通したときにランプが点灯する。これは S_1 が真，または S_2 が真のときには L が真になるので，OR の論理または**論理和** (logical sum) と呼ばれ，数式表現では $L = S_1 + S_2$ と表す。図 1.6(b) ではスイッチを直列に接続しており，両方のスイッチが同時に導通したときにのみランプが点灯する。これは S_1 が真，かつ S_2 が真のときには L が真になるので，AND の論理または**論理積** (logical product) と呼ばれ，数式表現では $L = S_1 \cdot S_2$ と表す。

スイッチを図 1.6(c) のように組み合わせると，2 つのスイッチいずれからでもランプをオンオフできる。これは住宅の階段のライトを 1 階からも 2 階からも点灯も消灯もできる構成であり，「意地悪スイッチの問題」と呼ばれる。この回路を見ると，S_1 と S_2 が異なるときに L が真になり，ライトが反応して（スイッチの状態が違うことを）知らせる機能を持つ。違った意見に反応する排他性があるため，Ex-OR または**排他的論理和** (exclusive OR) と呼ばれる。数式表現では $L = S_1 \oplus S_2$ と表し，数学的にはモジュロ 2 の加算（2 を法とする足し算）にあたる。このタイプの組み合わせは，図 1.6(d) のように組み合わせてスイッチを増加拡張できる。この図の回路は，3 階建て住宅のそれぞれのフロアにスイッチを配置した構成である。

スイッチを図 1.7 の (a) のようにリレー（Relay; 継電器）を使って構成すると，NOT の論理または**否定論理** (logical negate) が実現できる。これは入力の真偽を逆転した働きをする回路で，数式表現では $L = \overline{S_1}$ と表す。図 1.7(b) はリレーを使った**フリップフロップ** (flip flop) である。S スイッチを押すとコイルの導通があり，S スイッチを戻しても導通は記憶され，セットの状態を保持する。一方，R スイッチを押すとコイル導通が消されるので，リセット状態を保持できる。このような原始的構成によっても，機能としては 1 bit の記憶が実現できる。

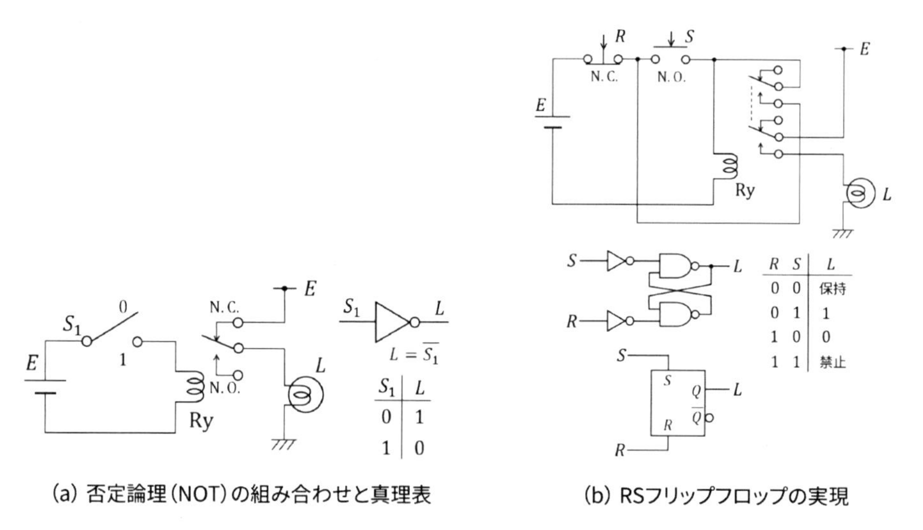

図 1.7　スイッチとリレーの組み合わせ

あわせて，スイッチの実装上の注意を述べておく。まずスイッチもリレー接点も，流せる最大電流がスペックシートに書かれているので，その**最大定格** (maximum rating) を守る。意外と知られていないことだが，オンオフの際に機械接点の表面が炭化してゆくことがあり，微弱な電流を流せなくなる。これを防ぐためには，機械接点にはある程度の電流を流すように設計する。

また，接点導通の瞬間に機械接点がバウンドをして細かい振動を生じ，導通と遮断が瞬間に繰り返される現象が発生する。これを**チャタリング** (chattering) と呼ぶ。例えばカウンターのクロック端子にこのようなスイッチ入力をつなぐと，1 回のスイッチオンでも多くのカウントアップがなされ，誤動作を引き起こす。

図 1.8 はチャタリングを防止する回路例を示している。図 1.8(a) では簡単な **LPF**（Low Pass

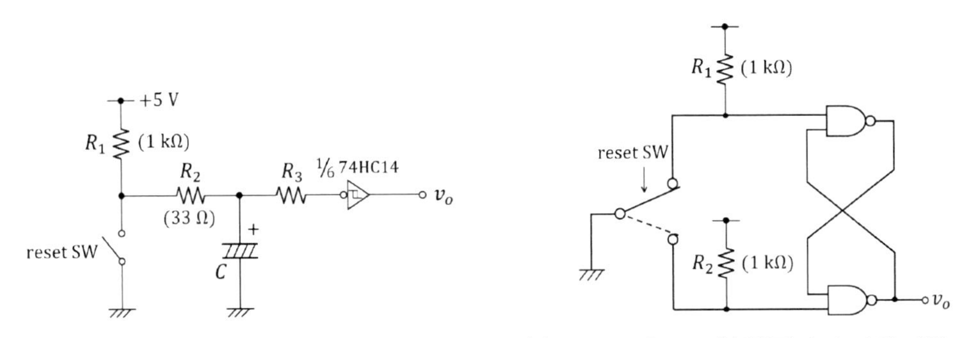

(a) シュミットトリガーを利用したチャタリング防止回路　(b) RSフリップフロップを利用したチャタリング防止回路

図 1.8　スイッチのチャタリング防止方法

Filter；低域通過フィルター）で波形整形をして，**シュミットトリガー** (schmidt trigger) 入力のインバータに信号を渡す。シュミットトリガーとは，入力が閾値（しきいち）を超え，その後 2 つ目の閾値を超えて初めて状態が変化する**ヒステリシス** (hysteresis) を持つ回路である。これにより，信号線に乗った微小な雑音を消すことができる。この回路の設計のコツは，C をやや大きめにして時定数を長めに取り，R_2 を小さめにしてスイッチ導通で急速にコンデンサーのチャージを抜くことと，R_1 をやや小さくして SW の通過電流を多めにすることである。R_3 は，電源が落ちた際にチャージされたコンデンサーの電位でインバータを破壊しないために入れておく。電源が落ちた際には，R_1 と R_2 を介してコンデンサーのチャージを抜くため，その時定数 $(R_1 + R_2)C$ 程度の時間は電源の再投入をしないように，ユーザーに指示する。このような配慮をして設計した回路は，パワーオンリセット回路として使うことができる（2.2.4 項を参照）。

図 1.8(b) のように RS フリップフロップを利用すれば，時定数を見積もることなく，安定してチャタリングを防止できる。

1.2.3　抵抗の組み合わせ

抵抗の組み合わせは，直列接続と並列接続が基本になる。図 1.9 には 2 本の抵抗 R_1 と R_2 の合成を示している。図 1.9(a) に示した直列接続 (series connection) では，合成抵抗 R は

$$R = R_1 + R_2 \tag{1.2}$$

である。この式は抵抗を何本直列に接続しても応用できる。一方，図 1.9(b) に示した並列接続 (parallel connection) では，抵抗の逆数量が加算されるので

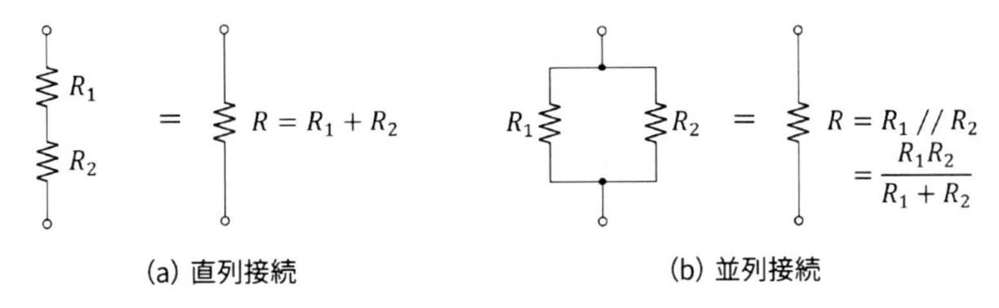

(a) 直列接続　(b) 並列接続

図 1.9　抵抗の合成

$$\frac{1}{R} = \frac{1}{R_1} + \frac{1}{R_2} \tag{1.3}$$

である。この式も抵抗を何本並列に接続しても応用できる。一般には上の式を変形して

抵抗数	抵抗の組み合わせ	組み合わせ数
1 本	R	1 通り
2 本	$2R$　$R/2$	2 通り
3 本	$3R$　$2/3R$　$3/2R$　$R/3$	4 通り
4 本	$4R$　$5/2R$　$5/3R$　$4/3R$　$1R$　$3/4R$　$3/5R$　$2/5R$　$1/4R$	9 通り 計 15 通り

(a) 同じ抵抗値 R の組み合わせによる合成抵抗のパターン

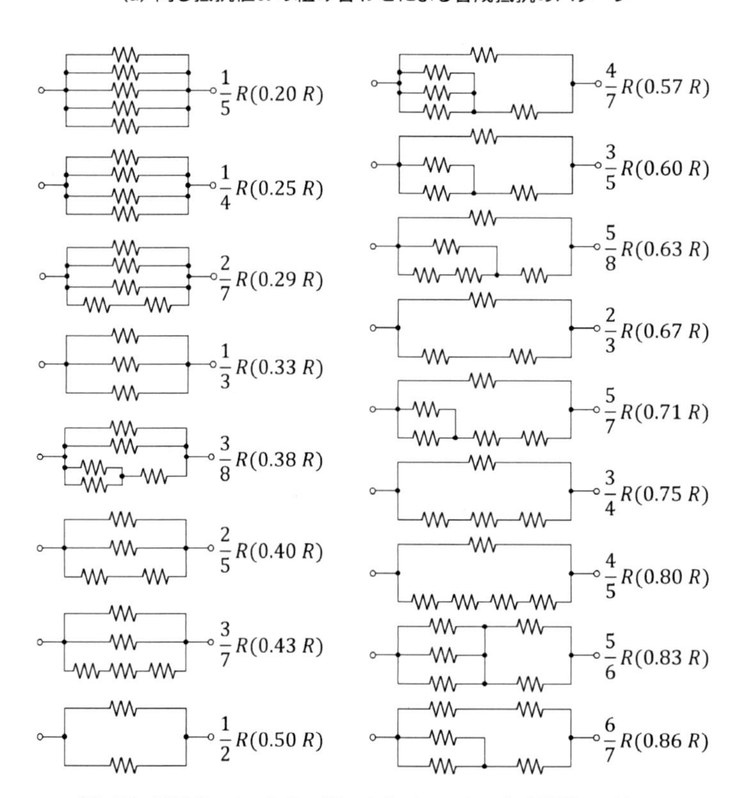

(b) 同じ抵抗値 R を5本まで組み合わせてできる合成抵抗のパターン
(もとの R より合成抵抗が小さくなる組み合わせ)

図 1.10　同じ抵抗値を持つ抵抗を組み合わせて新しい抵抗値を合成する組み合わせ

$$R = R_1//R_2 = \frac{R_1 R_2}{R_1 + R_2} \tag{1.4}$$

のように積を和で割る形式になる。この式は多数並列に接続したときには応用が難しいため，注意する。なお，スラッシュを2本書く表記は，技術者の慣用表記である。

抵抗は，特殊なものを除き，その値が等比に並ぶように作られていて，E6系列（1から10を6つに等比分割した，1.0, 1.5, 2.2, 3.3, 4.7, 6.8）に10のべきを乗じた抵抗値が入手できる。さらに精密なものとしては，E12系列，E24系列，E96系列などがある。例えばインピーダンス整合をとるために50 Ωの抵抗が必要なら，E24系列の51 Ωを使うか，特注するか，抵抗合成するかのいずれかが必要である。抵抗合成するなら，例えば100 Ωを2本用意して並列接続すればよい。もし直列と並列のいずれを使うか迷った場合は，並列が推奨される。これは，抵抗の1本が断線したようなとき，直列だと合成抵抗全体が故障するところ，並列だと1本が残るからである。特にフィードバック抵抗の断線などは出力が発散して致命的であるから，可能ならば並列接続を選ぶ。たとえ断線しても何らかの動作をしてくれるため，修理の見通しが立てやすい。

また，ICチップの形状で中に8本ほどの抵抗が入った集合抵抗を使うと，抵抗値にばらつきがなく，温度補償の必要もない回路が作れて便利である。例えば後で述べる計装増幅器では，正確に等しい6本の抵抗を使う際に，集合抵抗は役立つ。集合抵抗を使って並列直列を作れることを知っておくと便利である。図1.10に，4から5本までの同時抵抗の組み合わせで，多くの抵抗値が作れる例を示した。

抵抗の直列接続は，分圧に使える。図1.11(a)に示すように，直列合成抵抗の全体に電圧v_1をかけると，接続点の電圧v_0は抵抗分圧(voltage divide)される。この機能はしばしば**アッテネーター**(attenuator)と呼ばれる。

$$v_0 = \frac{R_2}{R_1 + R_2} v_1 \tag{1.5}$$

この関係を知っておくと，任意の電圧を作ることができて便利である。負荷R_2に対し電位差を発生させるR_1を，シリーズ抵抗あるいは分圧抵抗とよぶ。

抵抗の並列接続は，分流にも使える。図1.11(b)に示す並列抵抗の全体に電流i_1を流すと，電流は2手に分かれて，その比は双方の抵抗を逆に適用した値になる。結果として，負荷R_2に流れる電流i_0は抵抗分流(shunt divide)される。

$$i_0 = \frac{R_1}{R_1 + R_2} i_1 \tag{1.6}$$

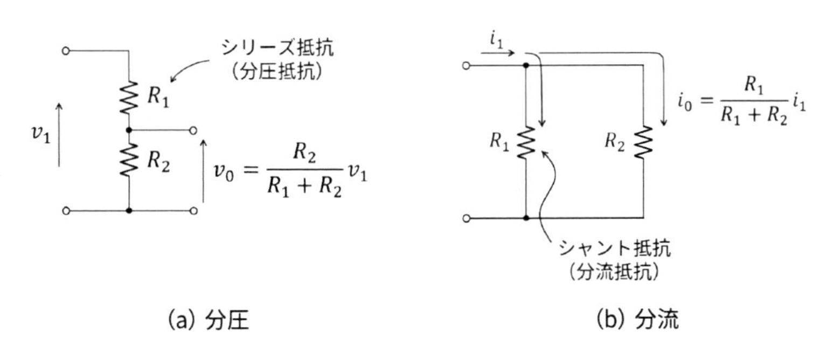

図1.11　分圧と分流

この関係を知ると，任意の電流を作ることができる。負荷抵抗 (load) に対し，過分な電流を流す抵抗 R_1 をシャント抵抗あるいは分流抵抗と呼ぶ。

1.3　演習課題と考察

Q 1.1　表 1.1 を使って，抵抗の E24 系列について説明せよ。

表 1.1　E 系列の表

E3系列	1.0								2.2								4.7							
E6系列	1.0				1.5				2.2				3.3				4.7				6.8			
E12系列	1.0		1.2		1.5		1.8		2.2		2.7		3.3		3.9		4.7		5.6		6.8		8.2	
E24系列	1.0	1.1	1.2	1.3	1.5	1.6	1.8	2.0	2.2	2.4	2.7	3.0	3.3	3.6	3.9	4.3	4.7	5.1	5.6	6.2	6.8	7.5	8.2	9.1
E48系列	10.0	10.5	11.0	11.5	12.1	12.7	13.3	14.0	14.7	15.4	16.2	16.9	17.8	18.7	19.6	20.5	21.5	22.6	23.7	24.9	26.1	27.4	28.7	30.1
	31.6	33.2	34.8	36.5	38.3	40.2	42.2	44.2	46.4	48.7	51.1	53.6	56.2	59.0	61.9	64.9	68.1	71.5	75.0	78.7	82.5	86.6	90.9	95.3
E96系列	10.0	10.2	10.5	10.7	11.0	11.3	11.5	11.8	12.1	12.4	12.7	13.0	13.3	13.7	14.0	14.3	14.7	15.0	15.4	15.8	16.2	16.5	16.9	17.4
	17.8	18.2	18.7	19.1	19.6	20.0	20.5	21.0	21.5	22.1	22.6	23.2	23.7	24.3	24.9	25.5	26.1	26.7	27.4	28.0	28.7	29.4	30.1	30.9
	31.6	32.4	33.2	34.0	34.8	35.7	36.5	37.4	38.3	39.2	40.2	41.2	42.2	43.2	44.2	45.3	46.4	47.5	48.7	49.9	51.1	52.3	53.6	54.9
	56.2	57.6	59.0	60.4	61.9	63.4	64.9	66.5	68.1	69.8	71.5	73.2	75.0	76.8	78.7	80.6	82.5	84.5	86.6	88.7	90.9	93.1	95.3	97.6
E192系列	10.0	10.1	10.2	10.4	10.5	10.6	10.7	10.9	11.0	11.1	11.3	11.4	11.5	11.7	11.8	12.0	12.1	12.3	12.4	12.6	12.7	12.9	13.0	13.2
	13.3	13.5	13.7	13.8	14.0	14.2	14.3	14.5	14.7	14.9	15.0	15.2	15.4	15.6	15.8	16.0	16.2	16.4	16.5	16.7	16.9	17.2	17.4	17.6
	17.8	18.0	18.2	18.4	18.7	18.9	19.1	19.3	19.6	19.8	20.0	20.3	20.5	20.8	21.0	21.3	21.5	21.8	22.1	22.3	22.6	22.9	23.2	23.4
	23.7	24.0	24.3	24.6	24.9	25.2	25.5	25.8	26.1	26.4	26.7	27.1	27.4	27.7	28.0	28.4	28.7	29.1	29.4	29.8	30.1	30.5	30.9	31.2
	31.6	32.0	32.4	32.8	33.2	33.6	34.0	34.4	34.8	35.2	35.7	36.1	36.5	37.0	37.4	37.9	38.3	38.8	39.2	39.7	40.2	40.7	41.2	41.7
	42.2	42.7	43.2	43.7	44.2	44.8	45.3	45.9	46.4	47.0	47.5	48.1	48.7	49.3	49.9	50.5	51.1	51.7	52.3	53.0	53.6	54.2	54.9	55.6
	56.2	56.9	57.6	58.3	59.0	59.7	60.4	61.2	61.9	62.6	63.4	64.2	64.9	65.7	66.5	67.3	68.1	69.0	69.8	70.6	71.5	72.3	73.2	74.1
	75.0	75.9	76.8	77.7	78.7	79.6	80.6	81.6	82.5	83.5	84.5	85.6	86.6	87.6	88.7	89.8	90.9	92.0	93.1	94.2	95.3	96.5	97.6	98.8

Q 1.2　表 1.2 を使って，次の問いに答えよ。

表 1.2　E6 系列の並列接続表

E6	1.0	1.5	2.2	3.3	4.7	6.8
1.0	0.50	0.60	0.69	0.77	0.82	0.87
1.5	0.60	0.75	0.89	1.03	1.14	1.23
2.2	0.69	0.89	1.10	1.32	1.50	1.66
3.3	0.77	1.03	1.32	1.65	1.94	2.22
4.7	0.82	1.14	1.50	1.94	2.35	2.78
6.8	0.87	1.23	1.66	2.22	2.78	3.40
10	0.91	1.30	1.80	2.48	3.20	4.05
15	0.94	1.36	1.92	2.70	3.58	4.68
22	0.96	1.40	2.00	2.87	3.87	5.19
33	0.97	1.43	2.06	3.00	4.11	5.64
47	0.98	1.45	2.10	3.08	4.27	5.94
68	0.99	1.47	2.13	3.15	4.40	6.18
100	0.99	1.48	2.15	3.19	4.49	6.37

1) E6 系列の抵抗を使って，2.7 kΩ の合成抵抗を設計せよ。

2) E6 系列の抵抗を使って，82 kΩ の合成抵抗を設計せよ。

Q 1.3 表 1.3 を使って，次の問いに答えよ。

表 1.3 抵抗のカラーコードの読み方

色	数値	位	誤差
黒	0	10^0	
茶	1	10^1	± 1 % (F)
赤	2	10^2	± 2 % (G)
橙	3	10^3	
黄	4	10^4	
緑	5	10^5	± 0.5 % (D)
青	6	10^6	± 0.25 % (C)
紫	7	10^7	± 0.10 % (B)
灰	8	10^8	± 0.05 % (A)
白	9	10^9	
金		10^{-1}	± 5 % (J)
銀		10^{-2}	± 10 % (K)

1) 抵抗のカラーコードが「赤赤赤金」のとき，その抵抗値を読め。
2) 1.0 Ω±5 % のカラーコードを書け。
3) 色と数の覚え方を考案せよ。

Q 1.4 スイッチとランプによる 1 ビット加算器を設計せよ。

Q 1.5 テブナンの定理でインピーダンスを計算するときに，電圧源を短絡し，電流源を開放して考えるのはなぜか答えよ。

Q 1.6 回路とは閉路であると説明した。それなら，スイッチを含み，スイッチを開いたときも回路と考えるのは矛盾に見える。これに対して考察せよ。

Q 1.7 実験室で使う抵抗の値が 1 Ω 以上 2 Ω 未満であることがわかっているとする。普通に使う 1/4 W のもので，誤差は ±5 % である。この抵抗値を有効数字 3 桁で測定することにした。運よく 5.0000 V を出力できる高性能電圧発生器が使えるので，その出力を抵抗につなぎ，有効数字 7 桁の高精度電流計で電流を読むことにした。このとき，測定が十分な精度で達成できるかどうかを考察せよ（少し意地悪な設問ですから，よく考えてください）。

Q 1.8 検流計を使って電流を計測したい。使用するガルバノメータは内部抵抗が 500 Ω でフルレンジ 3 mA であるとする。このメーターにシャント抵抗を並列につなぎ，フルレンジ 30 mA の電流計としたい。シャント抵抗 R の値を求めよ。

Q 1.9 設計は組み合わせだというが，抵抗を組み合わせるなら，欲しい値の抵抗を 1 本注文すればよいのではないか。また，わざわざリレーを使って論理回路を作ることも不要に思える。安価にシステムが手に入る世の中なので，設計を学ぶ必要があるのだろうか。この主張に対して，特に後輩を諭（さと）すように説得し，納得してもらうにはどのように語ればよいか。

Q 1.10　2 kΩ の抵抗を 2 本直列に接続すると，電圧を 1/2 にする分圧器が実現できる。これは 1/2 倍の入出力特性を持つ。同様にして，1 kΩ の抵抗を 2 本直列に接続すると，電圧を 1/2 にする分圧器が実現できる。これも 1/2 倍の入出力特性を持つ。そこで，前者の出力を後者の入力に接続して，1/4 の入出力特性を持たせようとしたが，実際に計算してみると，1/4 倍の特性にはならない。まずこのことを確かめ，次にその理由を考察せよ。さらに 1/4 倍の特性を持たせるための方策を示せ。

Q 1.11　「104J 50」と書いてある積層セラミックコンデンサーの容量を求めよ。またディレーティングの概念により，電圧はどれくらいまで適用できるか。

Q 1.12　抵抗のパッケージに「330R」「4K7」「1M0」などの略号があった。どういう意味か答えよ。

Q 1.13　大体の変数は，英語の頭文字をとっている。例えば起電力 Electromotive force は E，抵抗 Resistor は R，コンデンサー Capacitor は C，力学では力 Force は F，速度 velocity は v，質量 mass は m などである。それではコイル inductor は L を使い，電流 current が i を使うのはなぜだろう。

第2章

ダイオードを使う回路

本章では，非線形素子としてダイオードを導入する。細かな性能にとらわれず，遷移電圧を導入して組み合わせ回路を作ると，実に様々な機能が発生することを見てゆく。

2.1　ダイオード

ダイオードは非線型特性を持つ部品で，電流を一方には流せるが，逆方向には流すことができないという特性がある。これは流れに対する弁の働きに似ている。

2.1.1　ダイオードの性質

図 2.1 を見ながら，ダイオードの性質を確認する。図 2.1(a) はダイオードの構造を真空管と比較した図である。半導体が出回る前は，真空管が整流の役割を担っていた。図 2.1(a) の左側に示した二極真空管は整流器としてよく使われたデバイスであり，5M-K9 などの基本的な玉（真空管を玉または球（たま）と呼ぶ。それに対してトランジスターなどを石と呼ぶ）が使われた。真空管では，フィラメントを加熱電源で熱して陰極（**カソード**；cathode）から陽極（プレート，アノード；anode）に向かって電荷 e⁻ が出やすい状況にする。順方向（陽極の電位が高い）に電位差を与えると，電荷 e⁻ は陰極から陽極に向かって放出されるので，その逆方向に電流が流れるように見える（導通）。一方，逆方向（陰極の電位が高い）に電位差を与えると，電荷 e⁻ は陰極から放出されなくなるので，電流は流れないように見える（遮断）。真空管の特性として，導通時には電極電位差の 3 分の 2 乗に比例した電流が流れることが知られている。

図 2.1(a) の右側は，金属材料に不純物をドープした np 構造で整流作用を持たせたダイオードの構造である。金属材料には，Ⅳ族金属（ゲルマニウムやシリコン）またはⅢ-Ⅴ属金属（ガリウム砒素など）が使われる。これに微少な不純物（ドーパント）を添加して，電子を供給するドナーとしてリンなどを加えると，電子を供給する n 型半導体を作ることができる。また，正孔を供給するホウ酸などを加えると，p 型半導体が作れる。

両者を接合（ジャンクション；junction）した図が，図 2.1(a) 右側のダイオードの構造である。図の上の端子を高い電位にすると，p 型半導体からは正孔 h^+ が下向きに流れ，n 型半導体からは電子 e^- が上向きに流れて，両者はジャンクションで対をなして消滅する。このとき，上から下向きに電流が流れていることになる。しかし図の下の端子を高い電位にしても，ジャンクション付近には正孔も電子も集まりにくいので，電流は流れない。このような電流の向きを真空管になぞらえて，p 型半導体をアノード (A)，n 型半導体をカソード (K) と呼ぶ。

図 2.1(b) の左にはダイオードの回路記号を示した。記号を丸で囲むのは，それがディスクリート（個別部品）であることを強調する書き方なので，シリコンチップ上のダイオードには丸が付かない。図 2.1(b) の右の図はダイオードの模式図で，帯のある側がカソードにあたる。

図 2.1(c) にはダイオードの電圧—電流曲線を示した。順方向動作は次式に従う。

$$i = i_s \left\{ e^{\frac{q}{kT}v} - 1 \right\} \tag{2.1}$$

ただし i_s は逆方向飽和電流，q は電子の電荷素量，k はボルツマン定数，T は温度であり（3.2.3 項も参照），第 2 項の − 1 は無視して差し支えない。この関係があるために，指数関数回路や対数関数回路を作ることができる。これに対する逆方向動作は，電圧によらず微小な逆方向飽和電流 i_s だけ負の電流が流れるが，負の大きな電位差を加えると，アバランシェ降伏の現象により，急激に電流が流れるようになる。このときの電圧 V_Z は**ツェナー電圧** (Zener voltage) と呼ばれる。ツェナーダイオードを逆向きに使い，電流源を接続すれば定電圧回路に利用できる。

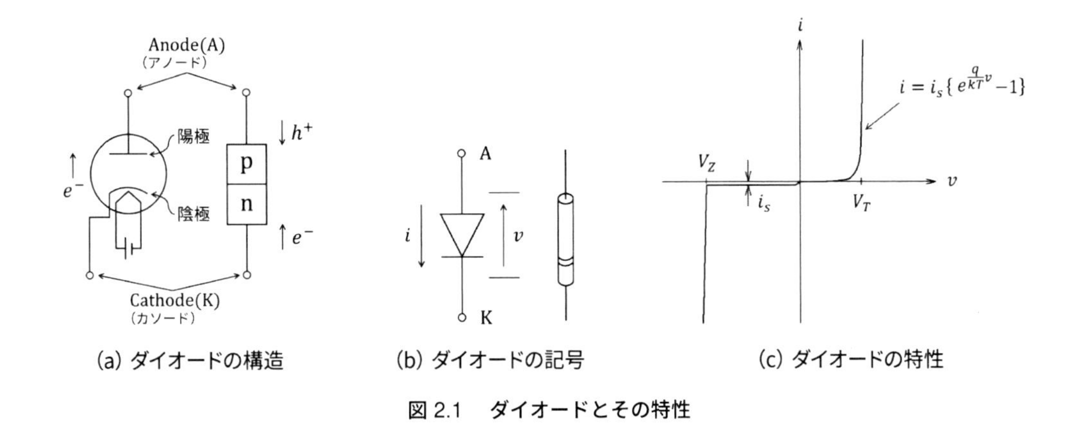

(a) ダイオードの構造　(b) ダイオードの記号　(c) ダイオードの特性

図 2.1　ダイオードとその特性

2.1.2 ダイオードの種類

ダイオード (diode) の回路記号の代表的なものを，図 2.2 に示した。左から順に，典型的ダイオード，ツェナーダイオード，ショットキーバリアダイオード，**LED**（発光ダイオード；Light Emitting Diode）である。ショットキーバリアダイオードは半導体と金属を接合させたダイオードで，高速動作をする。このような金属接合ダイオードは古くからセレン整流器などでも見られた。LED はエレクトロルミネッセンス効果により導通時に発光するダイオードである。このほかにエサキダイオード，バリキャップ，フォトダイオードなど様々な素子の記号が定められている。

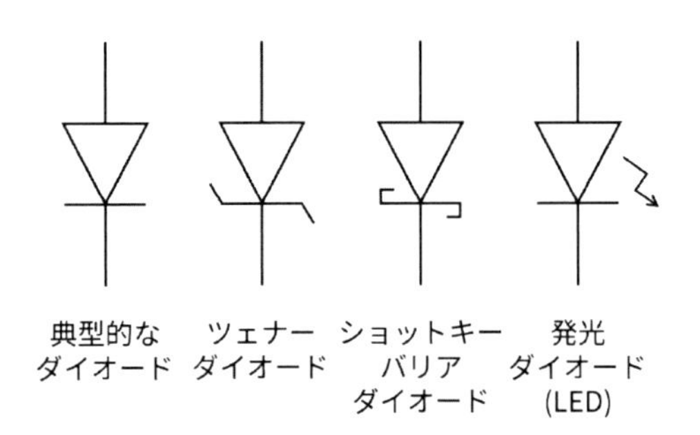

図 2.2　各種ダイオードの回路記号

実験試作用に手元に置きたいダイオードの型番の代表格は 1S1588 である（しかし執筆時点で生産終了となっている）。型番の最初の 1 はジャンクション数が 1 つであることを示し，S は**半導体** (semiconductor) を，次の 1588 は登録種類を表し，1 メーカーの 1 つのデバイスに 1 つの番号を割り当てている。また，S の代わりに SS でショットキーなどの信号用，SR で整流用，SZ でツェナーダイオードを表し，例えば 1SS106 のショットキーバリアダイオードなどがある。1S1588 の同等品は 1N4148 などであり，N 表記は米国の規格による。

本書で多用するダイオード特性のモデルは図 2.3 に示す通りで，図 2.3(a) は電圧の正負で導通と遮断が現れる理想的なモデルである ($V_T = 0$ V)。図 2.3(b) は**遷移電圧** (transition voltage)V_T を導入したモデルであり，ゲルマニウムダイオードでは $V_T = 0.2$ V，シリコンダイ

オードでは $V_T = 0.7$ V 程度である。ゲルマニウムダイオードは遷移電圧が低いために電圧—電流特性が 2 乗特性を近似するので，鉱石ラジオのように微弱な電波エネルギーで回路を駆動するタイプの応用が可能であった。今日ではほとんどがシリコンデバイスであるため，本書では $V_T = 0.7$ V で統一する。図 2.3(c) はツェナー電圧 V_Z を利用するモデルであり，導通と遮断を利用するのではなく，逆方向の導通時の定電圧を利用する際に使われる。

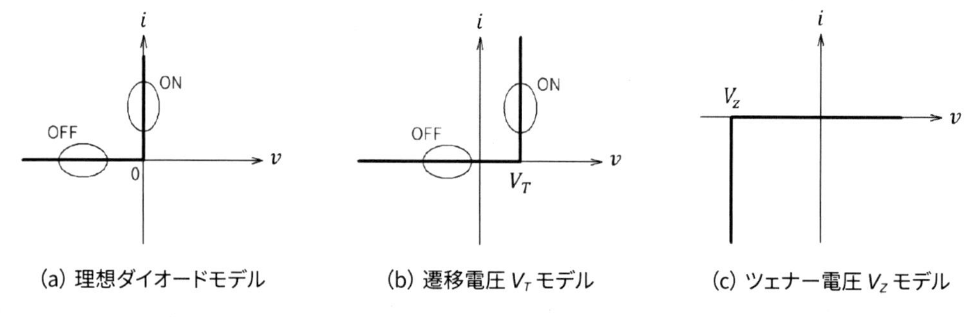

図 2.3　ダイオードの理想化したモデル特性

2.2　ダイオードの組み合わせ

2.2.1　ダイオードによる波形処理

クリップ回路 (clipper, clipping circuit) は，入力信号波形のある電圧以上，あるいは以下の部分を制限して切り取る回路である。好ましくない電圧値を通さないために，あるいは波形を歪ませて高調波成分を加えるために利用される。クリップ回路が電圧の片側に作用するのに対して，**スライス回路** (slicer, slicing circuit) は両側に作用し，波形のある電圧以上を制限し，なおかつ別の電圧以下も制限する。それらに対して**クランプ回路** (clamper, clamping circuit) は，波形を切り取ることなく電圧方向に平行移動させる。元波形のピーク点を特定電圧になるように移動することで，波形を歪ませることなく，なおかつ望ましくない電圧を避けるように作用する。つまり高調波成分を加えることなく，直流成分を加える作用をする回路である。

(1) クリップ回路

図 2.4 に**クリップ回路**（クリッパとも呼ばれる）を示した。入力側にダイオードを据える図 2.4(a) のタイプと，入力側に抵抗を据える図 2.4(b) のタイプの 2 種類がある。図 2.4(a) のクリップ回路では，ダイオードが導通する条件は入力 v_i が $V - V_T$ を下回ることである。このときダイオードには遷移電圧 V_T だけ電位差が生じるので，入力 v_i が $v_o = v_i + V_T$ となって出力に現れる。ダイオードが遮断する条件は入力 v_i が $V - V_T$ を上回ることであり，このときは出力が $v_o = V$ に固定される。このようにして，入力のピーク側を切り取る働きがあるので，特に**ピーククリップ回路** (peak clipper) とも呼ばれることがある。また入力の下側を切り取る**ベースクリップ回路** (base clipper) を作るためには，電圧 V を低い方に設定してダイオードの向きを逆転すればよい。これらのタイプのクリップ回路は，出力の制限が V でかかる明快さがある反面，

入出力間に遷移電圧 V_T だけレベルシフトするのが難点である。この回路では，ダイオードを複数に増やすと，最大値選択，最小値選択の回路に発展性がある。これは 2.2.2 項で説明する。

図 2.4(b) のクリップ回路では，ダイオードが導通する条件は入力 v_i が $V + V_T$ を上回ることである。このときダイオードには遷移電圧 V_T だけ電位差が生じるので，出力は入力 v_i に無関係に $v_o = V + V_T$ として固定される。ダイオードが遮断する条件は入力 v_i が $V + V_T$ を下回ることであり，このときは出力が $v_o = v_i$ となり，波形は素通しになる。この回路も入力のピーク側を切り取る働きがあるので，ピーククリップ回路とも呼ばれる。また入力の下側を切り取るベースクリップ回路を作るためには，電圧 V を低い方に設定してダイオードの向きを逆転すればよい。これらのタイプのクリップ回路は出力の制限が $V + V_T$ でかかる欠点がある反面，入出力間にレベルシフトが起こらないという長所がある。一般にはこの図 2.4(b) のタイプのクリップ回路が多用される。

図 2.4(b) のタイプのクリップ回路を理解するために，図 2.4(c) に具体的な回路を例示した。この場合は，入力 v_i が 5.7 V を上回るときダイオードが導通して，出力は $v_o = 5.7$ V にクリップされる。入力 v_i が 5.7 V を下回るときダイオードが遮断して，出力は $v_o = v_i$ のまま素通りになる。

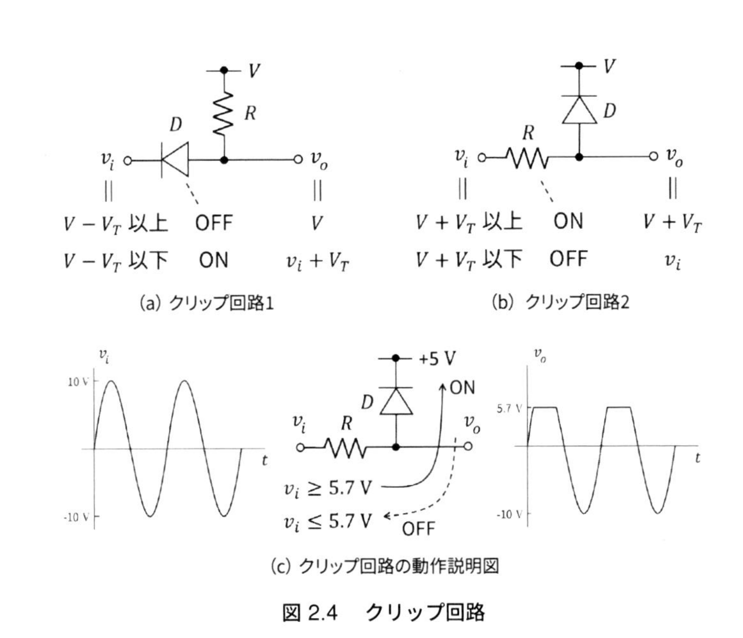

図 2.4 クリップ回路

(2) スライス回路

図 2.5 に**スライス回路**（スライサと呼ばれることもある）を示した。図 2.5(a) の回路を見れば明らかなように，ダイオード D_1 でピーククリップを，D_2 でベースクリップをしている。動作を理解するために，よく使われるスライス回路を 2 つ説明する。

図 2.5(b) のスライス回路では，ダイオード D_1 が導通する条件は入力 v_i が 5.7 V を上回ることであり，ダイオード D_2 が導通する条件は入力 v_i が − 0.7 V を下回ることである。その間では 2 つのダイオードは遮断するため，出力は $v_o = v_i$ となり，波形は素通しになる。この回路

は，主に外部入力を論理回路で受けるときの保護回路として多用される。

図 2.5(c) に例示した回路は，図 2.5(b) のタイプのスライス回路の +5 V の部分を 0 V で置き換えたものと見ることができる。したがって 2 つのダイオードが遮断になる領域は，入力 v_i が ±0.7 V の範囲内であり，そのとき，出力は $v_o = v_i$ のまま素通りになる。範囲の外側ではクリップされるため，例えばオーディオ信号で振幅が数 100 mV の範囲で利用できる場合，入力端に加わる過電圧やノイズで入力回路の破損を防ぐ保護回路として，よく使われている。

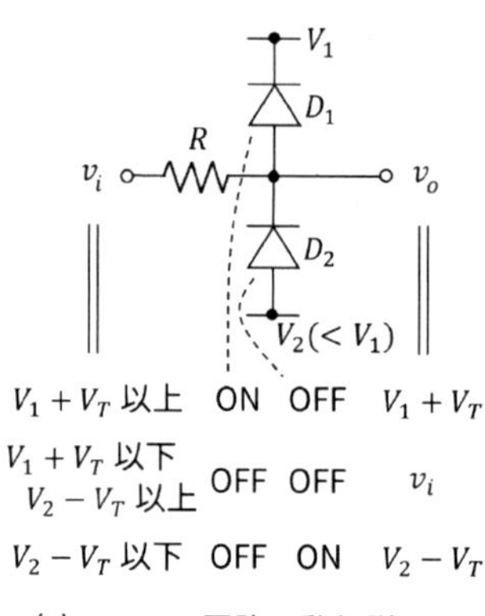

(a) スライス回路の動作説明図

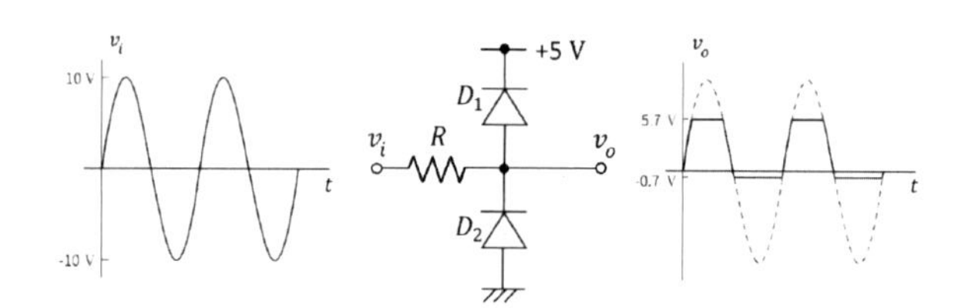

(b) スライス回路の例1

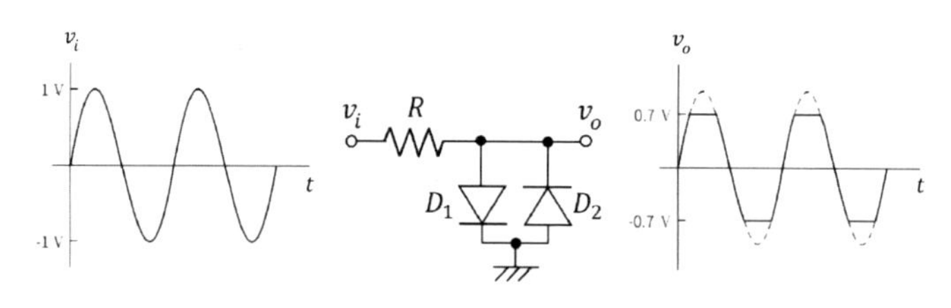

(c) スライス回路の例2

図 2.5　スライス回路

(3) クランプ回路

図 2.6 に**クランプ回路**を示した。図 2.6(a) は，左側が信号ピークを 0 V にクランプする回路で，右の回路が信号ベースを 0 V にクランプする回路である。ただしダイオードの遷移電圧 $V_T = 0.7$ V だけクランプ位置に差が見られる。クランプ回路は，基本的に入力信号に直流信号のバイアスをかける動作をし，バイアス分はコンデンサー C が受け持っている。すなわち，C が予め定電圧にチャージされていて，その電位差と入力 v_i との和が出力電圧になる。この具体

例を図 2.6(b) に示す。入力信号は $\pm V$ に変動する正弦波であると仮定する。ダイオードが導通するのは $v_i = V$ のときであり，これによりコンデンサー C が左向きに $V - V_T$ だけ電位差を持つようにチャージされる。したがって出力は $v_o = v_i - (V - V_T)$ のように低電圧側にシフトして，図 2.6(b) の右側に示した出力波形の図のようにピーク電位が V_T に固定される。図 2.6(c) は実際のクランプ回路を示している。このダイオードの向きであればベースクランプであるが，クランプ電位はコンデンサー C が右向きに $V + E - V_T$ だけ電位差を持つようにチャージされるので，信号ベースが $E - V_T$ になるようにクランプされる。実用回路では信号ベース電位は時間とともに変位するので，大きめの抵抗 R をダイオードに並列に入れて，コンデンサー C のチャージを抜いてゆく必要がある。

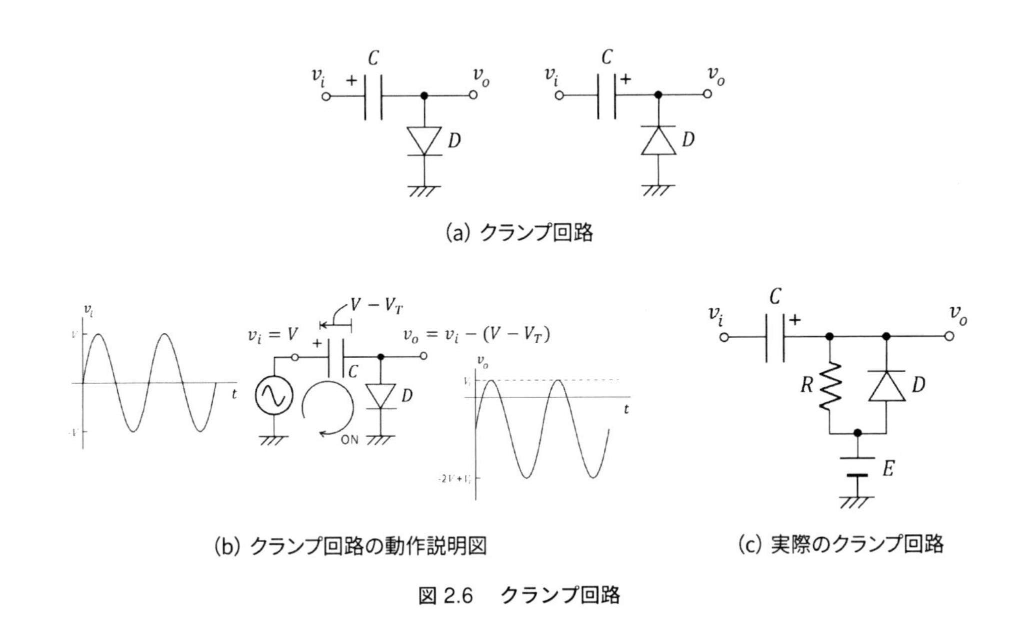

図 2.6　クランプ回路

2.2.2 ダイオードによる選択回路

図 2.7 に入力の選択回路を示した。図 2.7(a) の 3 本の入力に，互いに異なる電圧を加えると考えよう。ただしいずれの入力も $V - V_T$ を超えないものとする。ここで，例えば v_2 に他の入力よりも低い電圧を加えたとする。このとき D_2 が導通して $v_o = v_2 + V_T$ となるので，それより高い入力のダイオードは導通しない。したがって，この回路は入力のうちの最小値を選択する性質を持っている。これを**最小値選択回路** (lower-voltage selector) という。

図 2.7(b) は，同様にして最大値を選択する回路である。ただし，いずれの入力も V_T を下回らないとする。最大値を入力しているダイオードが導通して，例えば v_2 に他の入力よりも高い電圧を加えたとするなら，D_2 が導通して $v_o = v_2 - V_T$ となるので，それより低い入力のダイオードは導通しない。このようにして**最大値選択回路** (higher-voltage selector) として働く。

特に論理回路に使うなら，入力は H レベル (+5 V) または L レベル (0 V) としても応用できる。このときには図 2.7(a) は AND 回路であり，図 2.7(b) は OR 回路である。回路の入出力間で V_T のレベルシフトが生じることに注意する。

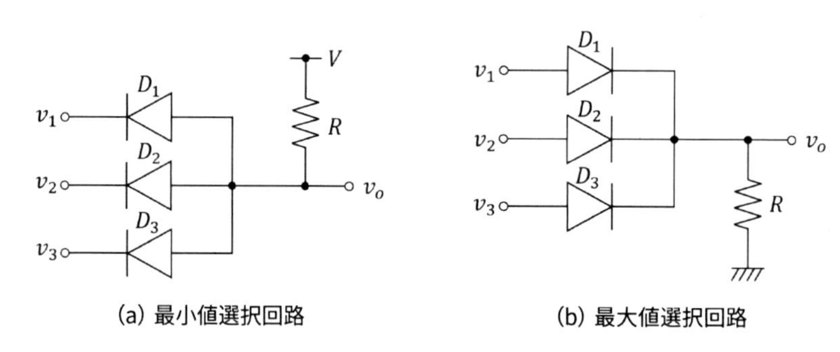

(a) 最小値選択回路　　(b) 最大値選択回路

図 2.7　選択回路

2.2.3 ダイオードによる整流回路

ダイオードを使うと，交流を直流に変換する**整流回路** (rectifier) ができる。整流について考えるとき，$V_T = 0.7\ \mathrm{V}$ のモデルを考えるのが厳密であるが，ここでは直感的な理解を優先して $V_T = 0\ \mathrm{V}$ のモデルで考えてゆこう。ここで扱う交流波は，正負に V_P で振れる正弦波である。

図 2.8 は代表的な整流回路である。図 2.8(a) の回路は，正弦波ピーク V_P でコンデンサーを充電し，放電がない限り出力は V_P の直流である。ただし図示したように負荷抵抗 R_L が接続されれば，コンデンサーとの時定数に従う指数関数的減衰が起きる。この回路でコンデンサーに充電できるのは入力交流の正の部分のみなので，**半波整流回路** (half-wave rectifier) と呼ぶ。

図 2.8(b) の回路は，トランス 2 次側を 2 倍巻いて，入力の正の波形をダイオード D_1 で整流し

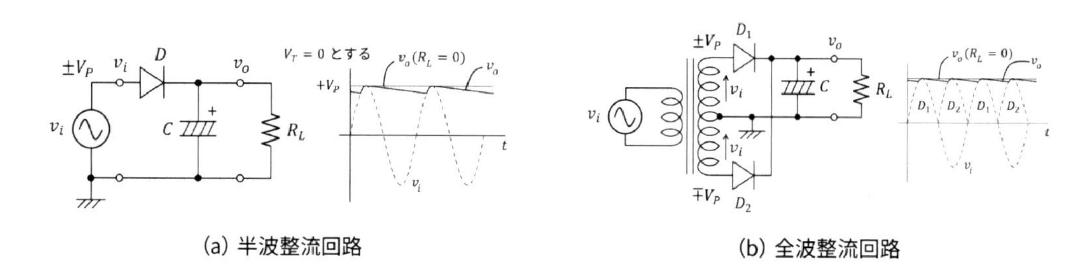

(a) 半波整流回路　　(b) 全波整流回路

(c) ブリッジ整流回路

図 2.8　整流回路

てコンデンサーをチャージし，負の波形のときは正負を逆転した端子から D_2 を介してコンデンサーにチャージする。この方法を**全波整流回路** (full-wave rectifier)，あるいは両波整流回路と呼び，正負の交流波形の両側を利用してコンデンサー充電がなされる。

図 2.8(c) の回路はダイオード 4 本をブリッジ状に組み，トランスで波形反転することなく全波整流ができる，ブリッジ整流回路である。正弦波ピーク V_P でダイオード D_1 と D_2 を介してコンデンサーを充電し，負のピーク $-V_P$ でダイオード D_3 と D_4 を介してコンデンサーを充電する。この回路の注意点は，出力電圧が入力ピークよりも $2V_T$ だけ低くなることと，入出力のグランドが共通ではないことである。なお図には同じ回路を 2 通りの書き方で示している。

図 2.9 は少し工夫した整流回路である。図 2.9(a) の回路はブリッジ回路を使っているが，トランス 2 次側の中間タップをグランドとすることで，正負の電圧を得るブリッジ正負電流回路である。図 2.9(b) の回路は正の半波整流で C_1 をチャージし，負の半波整流で C_2 をチャージする。両方のコンデンサーを直列にしてあることで，$2V_P$ の直流として出力が得られる。元の正弦波の片側ピークの 2 倍の電圧を得ることができるので，両波倍電圧回路と呼ばれる。図 2.9(c) の回路は，両波倍電圧回路のコンデンサー中点をグランドに落として正負の直流電圧を得る整流回路で，両波倍電圧型正負電源回路と呼ばれる。

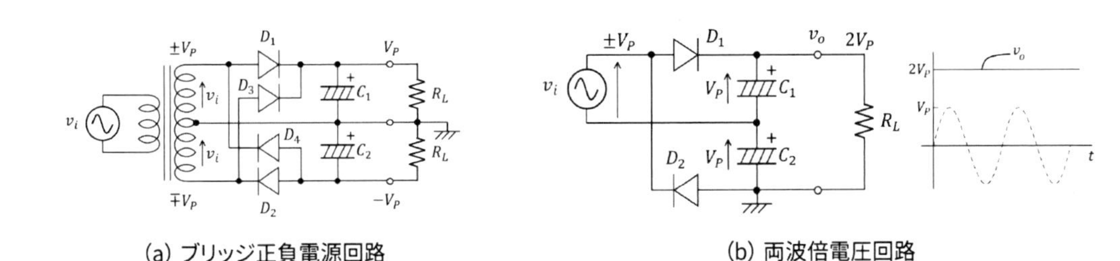

(a) ブリッジ正負電源回路　(b) 両波倍電圧回路

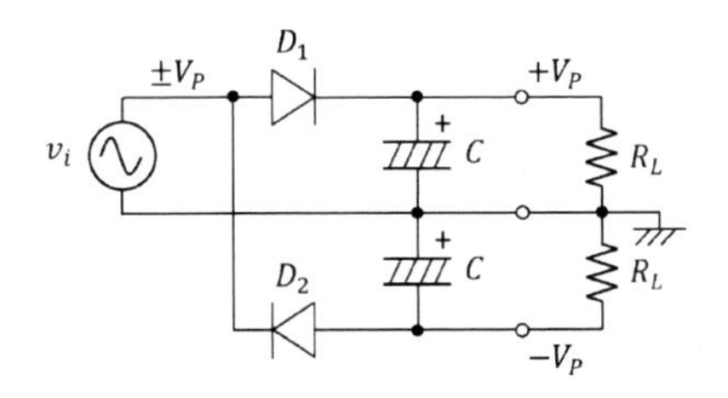

(c) 両波倍電圧型正負電源回路

図 2.9　少し工夫した整流回路

図 2.10 は，同じ回路を書き方を変えて示している。図 2.10(a) の書き方が一般的であろうが，図 2.10(b) の書き方をすると，次に述べる回路への拡張理解が容易になる。

図 2.10(c) の書き方は，既に示した回路の組み合わせで示しているので，理解が容易である。まず C_1 と D_1 が構成するループはクランプ回路になっているため，C_1 がチャージされると右向きに V_P の電圧が保持される。したがって A 点の電位は v_i と V_P との和になる。これは 0 V と $2V_P$ との間で振れる正弦波になる。この交流を半波整流しているのが D_2 と C_2 の構成するループである。その結果，A 点の最大電位が C_2 にチャージされるので，出力は $2V_P$ となる。

このようにして出力には倍電圧の直流が得られる回路を，**半波倍電圧回路** (half-wave voltage doubler) または **2 倍電圧整流回路**という。

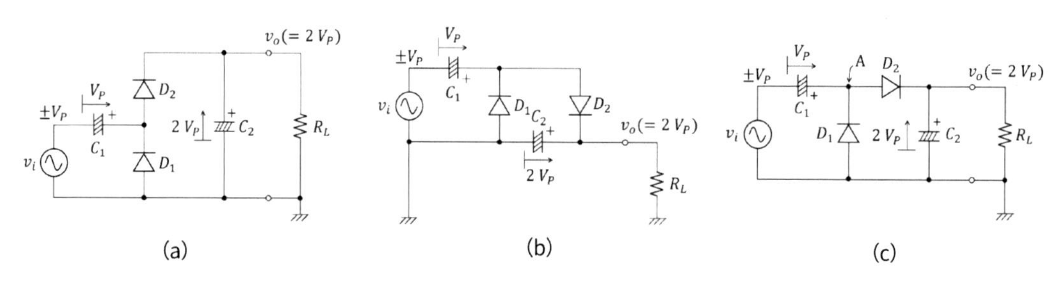

図 2.10　半波倍電圧回路

図 2.11 に示した 2 つの回路は，いずれも同じものである。倍電圧回路にクランプ回路をもう 1 段足した回路になっていて，3 倍電圧を発生する直流電源回路である。同様にクランプ回路を加えてゆけば，図 2.12 に示す 4 倍電圧整流回路，図 2.13 に示す 5 倍電圧整流回路と，いくらでも出力電圧を上昇させることができる。

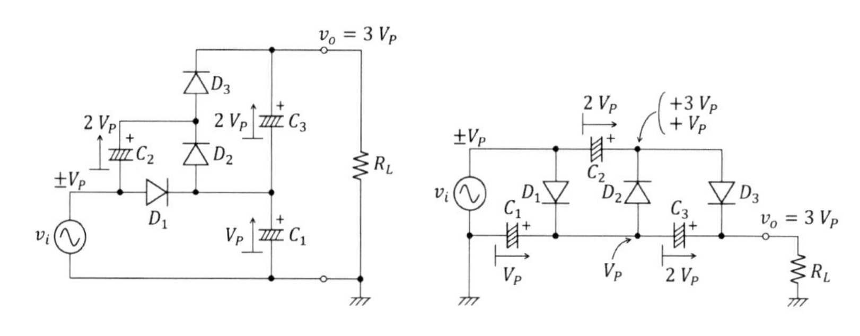

図 2.11　3 倍電圧整流回路

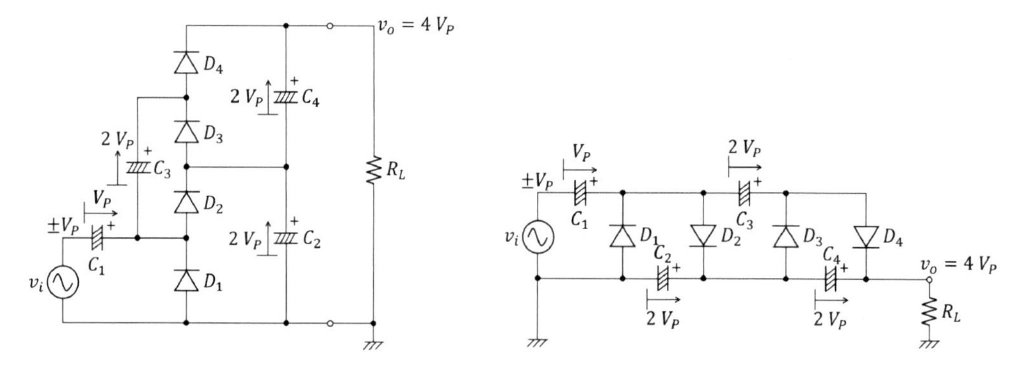

図 2.12　4 倍電圧整流回路

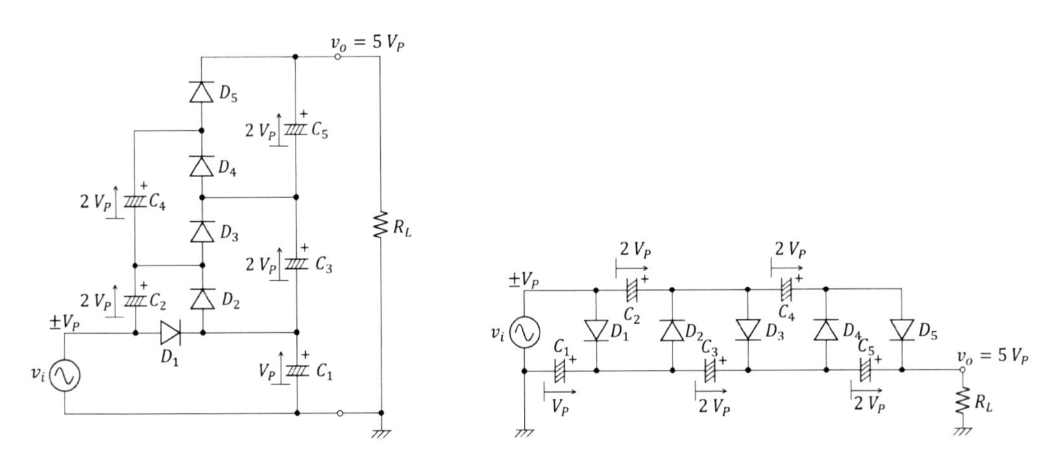

図 2.13　5 倍電圧整流回路

この考え方により，図 2.14 に示すような任意倍率の直流電圧を得られる整流回路が実現できる。これを**コッククロフト–ウォルトンの回路** (Cockcroft–Walton circuit) という。この回路によると実際に直流の高電圧が得られるが，その電圧を保持しているのはコンデンサーのチャージであるから，大きな電流を得ることは難しい。しかし，昔から高電圧が必要な実験用電源として頻繁に使われてきた組み合わせ回路である。

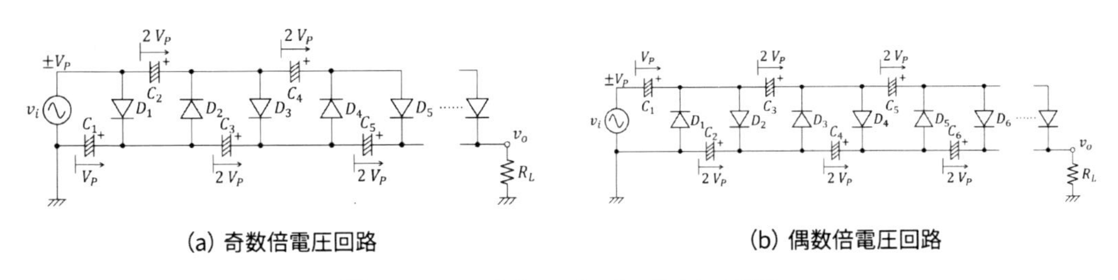

(a) 奇数倍電圧回路　　(b) 偶数倍電圧回路

図 2.14　コッククロフト–ウォルトンの回路

2.2.4　ダイオードを使った応用回路

ここまで説明したように，ダイオードの組み合わせは様々な興味深い構造を作る。ここではいくつかの代表的な応用回路を見てゆく。

(1) 電源アダプター回路

電気機器の中には AC アダプターで動作させ，アダプターを取り外してもそのまま内蔵電池で動作するものがある。これは最大値選択回路を使って実現できる。図 2.15(a) の回路は，最もわかりやすいものであろう。この中で装置負荷 R_L と書いたのは機器本体であり，ここにダイオード D_1，D_2 を介して電源を供給する。まず内部に 6 V 電池を持てば，D_2 を介して R_L に 5.3 V の電源供給を行う。このとき $V_T = 0.7$ V だけ電圧降下がある。次に，電池電圧よりわずかに高い 6.2 V 電源を AC アダプターから供給したとする。すると，最大値選択の働きにより直ちに D_1 が導通し，D_2 が遮断するので，電池からの電源供給が止まり，負荷抵抗には 5.5 V の電圧が供給される。そして，AC アダプターを取り外す，または停電等により AC アダプター電圧が 6 V を下回った瞬間に，再び 6 V 電池からの電源供給に切り替わる。

図 2.15(b) の回路は，最大選択回路を利用した実用 SRAM 保護回路である。SRAM とは電源を切らない限り記憶が保持される高速なメモリで，外部からの電源供給がなくなっても，2.5 V 程度の電源電圧を保てば状態をバックアップして記憶を守ることができる。そのような場合は，図 2.15(b) に示すように 4 V 程度の外部電源を用意し，ダイオード D_1 を介してメモリーボード R_L に供給する。ダイオード D_2 と並列に入れた抵抗 R は，ニカド電池のように充電可能なバッテリーを外部電源によって充電する作用がある。ただしリチウム電池など充電が難しいタイプの電池のときは，R は取り外す必要がある。

図 2.15(c) の回路は図 2.15(b) の変形で，よく使われる回路構成である。外部電源からの電圧が 3.7 V より高ければ，A 点電位はツェナーダイオードの定電圧性により 0.7 V を超える。すると電源から R_2 を介してトランジスターにベース電流が流れるので，Q_2 も Q_1 も導通し，Q_1 のエミッタ－コレクタ間が導通する。この回路では Q_1 のエミッタ－コレクタ間電位差が 0.1 V 程度のトランジスターを選ぶことができるので，v_0 は 3.6 V となる。これにより負荷に供給する電圧降下は図 2.15(b) の回路構成より小さくできる。なお，外部電源からの電圧が 3.7 V より低ければ，A 点電位によって Q_2 を導通することができないため，Q_1 は遮断して D_2 を介して電池電圧が負荷に供給されることになる。この回路は電源の切り替えのみの機能を持つので，外部電圧がより高くなる場合には，シリーズ定電源回路などに拡張する必要がある。

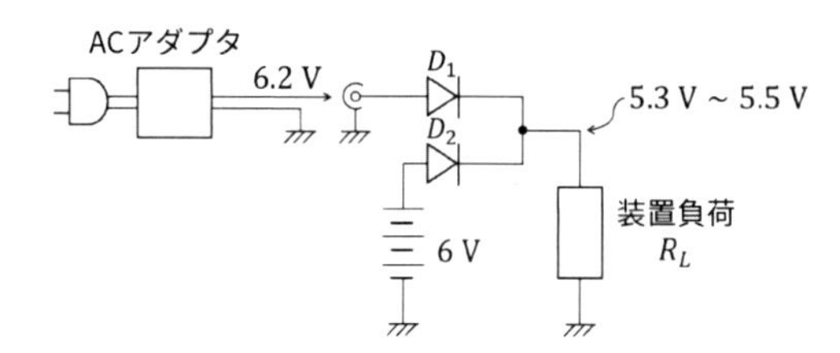

(a) 最大選択を利用した電源切替の工夫

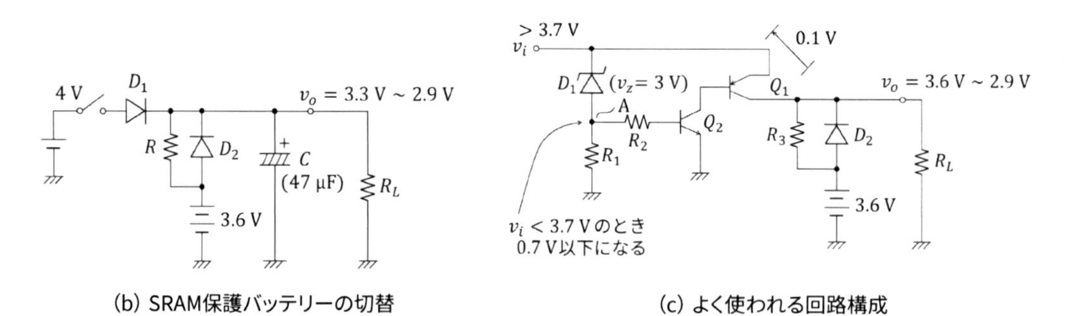

(b) SRAM保護バッテリーの切替　　(c) よく使われる回路構成

図 2.15　電源アダプター回路

(2) 論理回路と併用するダイオード

ここからはダイオードが頻繁に活用される例をいくつか見てゆく。図 2.16 は主に論理回路とのインターフェイスを示している。図 2.16(a) のパワーオンリセット回路では，電源投入とともに

に R_2C の時定数でコンデンサーがチャージされるので，A 点電位は指数関数的に +5 V まで上昇する。その途中でシュミットトリガー入力ゲートが論理 1 に転ずるので，電源投入時のリセット信号は多少の雑音があっても正常に動作する。次にリセットスイッチを導通すると，R_1C の時定数でコンデンサー電荷が急速に抜かれて A 点電位は直ちに論理 0 に転じ，リセットスイッチを遮断すると，先に述べた動作により論理 1 に転じてリセットが完了する。

ここで A 点をクリップするダイオード D には重要な 2 つの役割がある。まず電源がオフになったときに急激にコンデンサーから電荷を抜く役割である。これによって電源オンでパワーオンリセットが実現できる。もう一つは，シュミットトリガー入力が電源電圧より高くなるとゲートの故障につながるので，これを回避する役割である。このような仕組みは，急激な電源オフの際にゲートの入力電位を可能なところまで下げることにより実現している。

図 2.16(b) の回路は，オープンコレクタゲート出力によりリレーを駆動している。すなわちゲート出力が論理 0 のとき，出力端子は電流を吸い込むので，リレーコイルに電流が流れる。コイルの電流電圧特性は

$$v(t) = L \cdot \frac{d}{dt} i(t) \tag{2.2}$$

である。リレーコイルに電流を流している状態から急激に電流を 0 にすると，コイルに逆起電力が生じて（簡易表現をするなら）$v(t) = -L \cdot \infty$ の状況になり，A 点電位は $5\,\mathrm{V} + L \cdot \infty$ となる。このパルス状高電圧は，ゲート L_1 の出力トランジスターを破壊するか，もしくはストレスをかけることになる。しかし，この逆起電力はダイオード D により一瞬にして抜くことができる。

実はこの逆起電力はコイルに電流を流し始めたときにも生じるので，より正確には図 2.16(c)

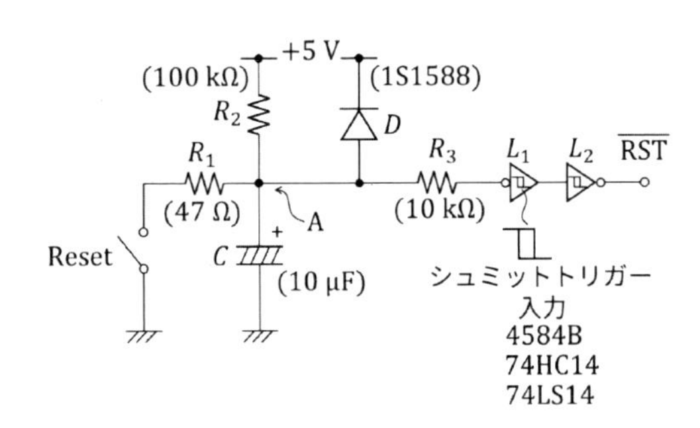

(a) パワーオンリセット回路

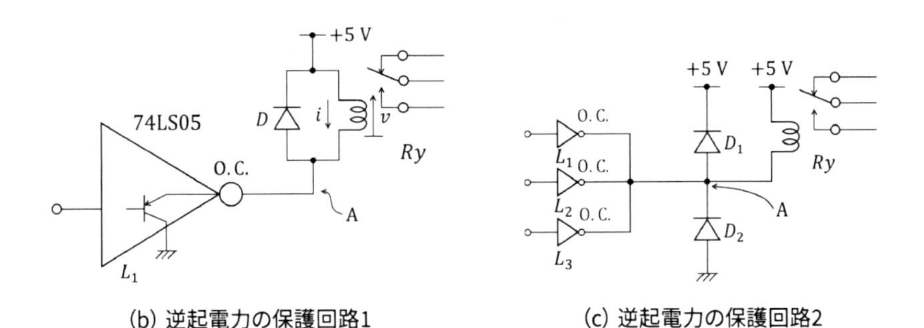

(b) 逆起電力の保護回路1

(c) 逆起電力の保護回路2

図 2.16 論理回路と併用するダイオード

のような回路構成でダイオードスライス回路を実現すると，ゲートの低電位側も守ることができるので，より安全である。なお，この回路のようなオープンコレクタ出力のゲート出力は複数を直接つなぐことができて，この場合はどれかのゲートが電流を吸い込むとリレーが作用する。このゲート構成を**ワイアード OR**(wired OR) と呼ぶ。

(3) ダイオードの特別な使い方

図 2.17 は主にダイオードの特別な使い方を示している。図 2.17(a) は，ツェナーダイオード D_z に逆方向電流 I_z を流すことによって，負荷に対する $v_o = V_z$ の定電圧の発生を実現している。図 2.17(b) は，**発光ダイオード** (LED) の特性を示している。LED の場合，遷移電圧 V_T に相当するものは順方向電圧 v_F と呼ばれ，そのとき流れる電流を順方向電流 i_F と呼ぶ。もちろん，LED が点灯するのは導通したときである。多くの LED では

$$v_F = 2.1\ \mathrm{V}\,(typ.),\ 1.8\ \mathrm{V} \sim 2.2\ \mathrm{V}\ (\text{赤・橙・黄・緑})$$

$$i_F = 20\ \mathrm{mA}\,(typ.)$$

が標準で，特殊な色のデバイスでは概ね

$$v_F = 3.5\ \mathrm{V} \sim 4.8\ \mathrm{V}\ (\text{青・白})$$

$$v_F = 1.4\ \mathrm{V}\,(typ.)\ (\text{赤外光})$$

$$v_F = 4.5\ \mathrm{V} \sim 6\ \mathrm{V}\ (\text{紫外光})$$

である。ただし詳細はデータシートを確認してほしい。

例えば動作条件件に従って赤色 LED を点灯する回路を設計するなら，図 2.17(c) のように，電源電圧 +5 V に対して LED の順方向電圧 2.1 V を減じた 2.9 V が制限抵抗 R にかかるようにす

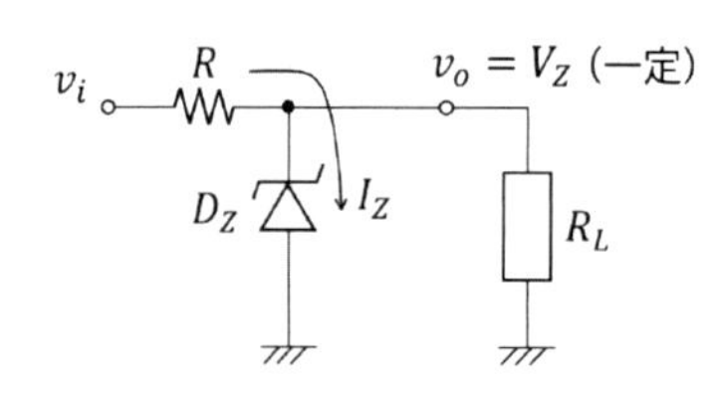

(a) ツェナーダイオードを使った定電圧回路

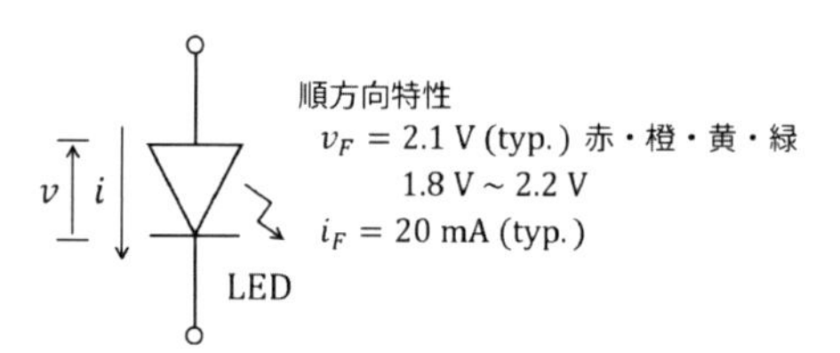

(b) LEDの特性

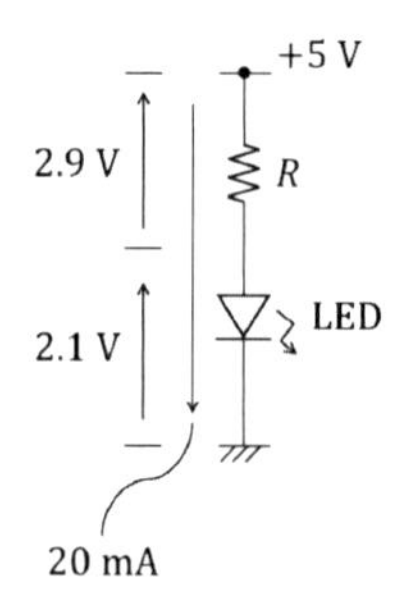

(c) LED回路の設計

図 2.17　ダイオードの特別な使い方

る。すると順方向電流 20 mA が流れるので，

$$R = \frac{2.9\ \mathrm{V}}{20\ \mathrm{mA}} = 145\ \Omega \tag{2.3}$$

である。この抵抗値にはある程度の余裕があることが多いため，例えば 150 Ω くらいの抵抗を使っておけばよい。なお，LED を点灯させるためには最低でも 2.1 V の起電力が必要であるので，乾電池 1 本で点灯させることは（昇圧回路を使うなどよほどのことをしないと）無理である。LED ライトを抵抗なしで電池に直付けしているものをよく見かけるが，過電流によるジャンクション温度上昇は，一方では順方向電圧 v_F を下げ，さらに温度上昇が加速する。また，ジャンクション温度は 1 ℃上昇するごとに半導体寿命が半減するといわれるので，あまり上手な設計とは言えない。

(4) ダイオードを応用した回路

図 2.18 はダイオードを応用したスイッチング回路と，ダイオード論理回路である。図 2.18(a) は，**ダイオードスイッチ** (diode bridge swich) と呼ばれる回路である。コントロール端子を $(C_1, C_2) = (-15\ \mathrm{V}, +15\ \mathrm{V})$ とすれば 4 本のダイオードはすべて遮断されるので，v_i と v_o とは完全に遮断される。次にコントロール端子を $(C_1, C_2) = (+15\ \mathrm{V}, -15\ \mathrm{V})$ とすれば 4 本のダイオードはすべて導通するので，v_i と v_o とは完全に同電位になる。これを応用すれば，例えば v_o に特性の良いスチロールコンデンサーをグランドとの間に置くと，入力信号のサンプルホールド回路が実現できる。

図 2.18(b) は初段が最小選択回路になっているので，A，B 入力に対して S 点電位は論理積になる。この部分のみでは論理回路として $V_T = 0.7\ \mathrm{V}$ の**レベルシフト** (level-shift) が生じ，実用には都合が悪い。そこでダイオード D_3，D_4 を介してトランジスター Q を駆動することで，後段に NOT 論理のトランジスターバッファが追加されている。前段で AND，後段で NOT の論理を構成するので，全体として NAND ゲートとして働く。回路構成としては**ダイオード・トランジスター・論理回路** (DTL) と呼ばれる形をしている。

次の働きを見てゆく。入力 A，B ともに H レベル（例えば＋ 5 V）なら，D_1，D_2 ともに遮断で，R_1 から S 点を経由して D_3，D_4，Q の順に電流が流れるので，S 点電位は $3V_T = 2.1\ \mathrm{V}$，Q は導通で出力 Y は 0 V に近い値（負荷にもよるが実際には約 0.3 V 程度）になるので，L レベルの出力を得る。一方，入力 A，B いずれかまたは両方が L レベル（例えば 0 V）なら，D_1，D_2 の一方または両方が導通で S 点は $V_T = 0.7\ \mathrm{V}$ であり，これでは Q を導通にできないため，出力 Y は 5 V に近い値になり，H レベルの出力を得る。

この回路の入力が H レベルか L レベルかを決める閾値（しきいち）は，次のように求まる。まず Q を導通する S 点電位は $3V_T = 2.1\ \mathrm{V}$ であった。入力側ダイオードを導通にする電位はそれより V_T だけ低いので，入力の閾値は $2V_T = 1.4\ \mathrm{V}$ である。回路中のレベルシフトダイオード D_3，D_4 は，この閾値を確保するために使われている。DTL や TTL 論理回路では，閾値は 1.4 V であり，入力回路としては 2.0 V 以上を H 論理，0.8 V 以下を L 論理と判定することになっている。これに対し出力信号は 0.4 V のマージンを持たせて，H 論理出力は 2.4 V 以上，L 論理出力は 0.4 V 以下に設定するのが一般的である。

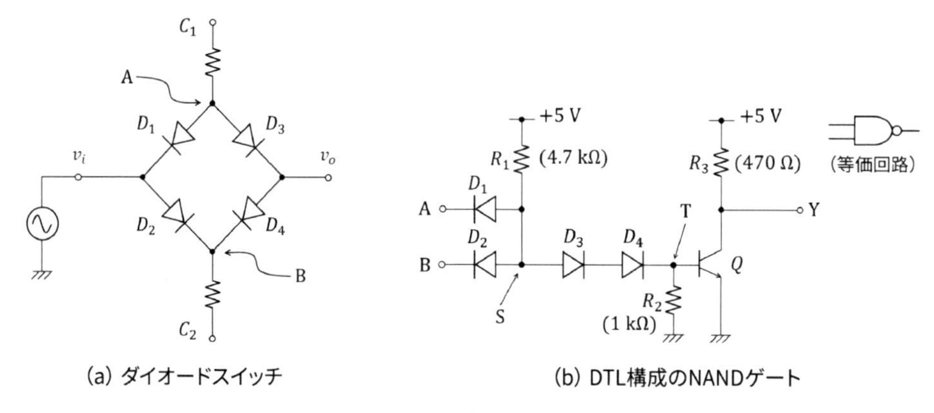

(a) ダイオードスイッチ　　(b) DTL構成のNANDゲート

図 2.18　ダイオードを応用した回路

2.3　演習課題と考察

Q 2.1　本文で説明のなかったダイオードの種類を調べよ。

Q 2.2　ダイオードの名の由来と歴史を調べよ。

Q 2.3　ダイオードをリレーの逆起電力吸収用に使うとき，ダイオードの寿命に関して考察せよ。

Q 2.4　LED の順方向電圧で $typ.$ と示されているのはどういう意味か答えよ。

Q 2.5　ダイオードスイッチの回路図で，A 点と B 点の電位を求めよ。

Q 2.6　DTL の NAND 回路の回路図における R_2 の役割を答えよ。

Q 2.7　ダイオードが手元にないときは，トランジスターで代用することを検討せよ。

Q 2.8　色が変化する LED はどのように設計されているのか考察せよ。

Q 2.9　明るさが変化する LED はどのように設計されているのか考察せよ。

Q 2.10　3 端子レギュレータ（第 5 章を参照）で，安定していない 12 V 入力を安定した 5 V 電圧出力を得ている回路において，出力から入力向きにダイオードをつなぐことがある。この理由を述べよ。

Q 2.11　ダイオードでは「逆方向飽和電流 i_s だけ負の電流が流れる」と説明があったので電流 i_s は負のはずである。式 (2.1) を見ると，電流 i_s は正である。これに関してどのように疑問を解消すべきかを考察せよ。

Q 2.12　プリント基板上に図 2.17(c) の LED 点灯回路を作った。ここにスイッチを追加して，LED をオンオフできるようにしたい。このスイッチは筐体のパネルに取り付ける想定で，ユーザーが操作できるものである。スイッチを入れる場所の候補は次の 3 カ所あるが，設計の観点でどれが最適か。

1) 電源と抵抗の間
2) 抵抗と LED の間
3) LED とグランドの間

Q 2.13 電気楽器の音質を変えるエフェクタには，ひずみ系のものがある。一般にはディストーションとか，オーバードライブとか，ファズとも呼ばれる。昔の真空管アンプ（Marshall 社のものがよく知られる）の有する非線型性により心地よいひずみが生まれ，主にブルース系ミュージシャンが好んだといわれる。この信号加工はどのように実現するかを答えよ。

第3章

トランジスターを使う回路

本章では，増幅素子としてトランジスターを導入する。細かな性能にはとらわれず，遷移電圧 V_T と電流増幅率 β を導入して，npn トランジスターを中心に考えてゆく。これにより，組み合わせ回路を作ると実に様々な機能が発生することを学習する。

3.1　トランジスター

トランジスターは，電流増幅特性を持つ部品である。ここでは npn トランジスターに注目し，ベース－エミッタ間がダイオードと同じであること，そこに流す電流が β 倍されてコレクタ－エミッタ間に流れることを理解し，ほぼその理解で設計のほとんどが達成できることを見てゆく。

3.1.1　トランジスターの性質

トランジスターの構造と記号を，図 3.1 を見ながら確認する。図 3.1(a) は n 型半導体で p 型半導体をはさんだ npn トランジスターであり，それぞれから引き出した端子を**コレクタ** (collector) C，**ベース** (base) B，**エミッタ** (emitter) E と呼ぶ。トランジスターはかなり奥深く，一説には完全に理解できている者は世界に 5 人程度しかいないといわれる。それでも多くの人が理解して設計に応用できているのは，トランジスターの簡略化されたモデルが定式化されているからである。3 極真空管や FET が電圧を電流に変換する素子なのに対して，トランジスターは電流を電流に変換する素子である。簡単に言うと，ベース－エミッタ間にバイアスをかけてベース電流をわずかに流し込むと，その電流に比例して拡大された電流がコレクタからエミッタに流れる。もちろん，外部回路によって流れる回路を外付けしておく必要がある。

図 3.1(b) には，npn トランジスターの回路記号と外観を示している。足の配置は左から「えくぼ (ECB)」の順だが，例外もありうるため，スペックシートも参照されたい。トランジスターには多数の形状があり，特に強電流に対応したトランジスターには放熱板にネジ止めできるような形状のものもある。

多くの場合，npn トランジスターと対にして**相補的** (complementary) に使うと特性の良い pnp トランジスターが製造されている。図 3.1(c) には，pnp トランジスターの記号を示す。電気特性は npn の逆になると考えてよい。以前は 2SB56 などのゲルマニウムトランジスターが使われ，pnp トランジスターが中心であった。そのため高電位側電源にエミッタ接地する必要があり，設計上わかりにくいものであった。本書では npn トランジスターを中心に説明している。なお，トランジスター記号を丸で囲む表記はディスクリート（個別部品）であることを強調する意味である。シリコン上に配置するトランジスターには丸は書かない。

図 3.2 に npn トランジスターのモデルを示す。図 3.2(a) には基本特性を示す。ベース－エミッタ間は pn 接合であるため，ダイオードと同じ動作をする。すなわちベース電流 i が流れた

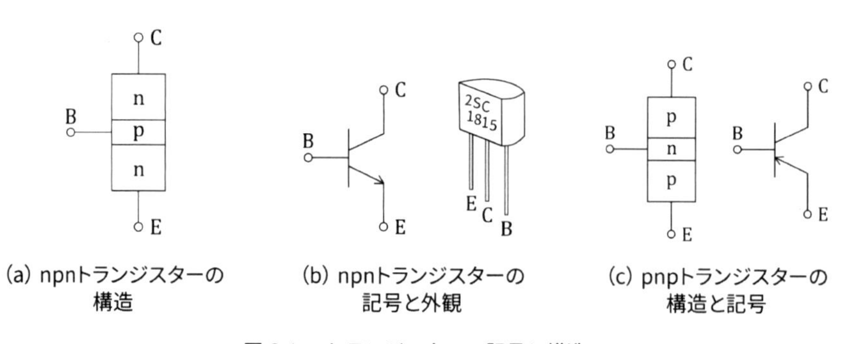

図 3.1　トランジスターの記号と構造

ときトランジスターはオンになり，ベース電位がエミッタより $V_T = 0.7$ V だけ高くなる。このときコレクタからエミッタに βi の電流が流れる。β は電流増幅率と呼ばれるパラメータで，ハイブリッド行列では h_{fe} と呼ばれるものに相当する。β の値は大きく，50～1000 近い値をとるものもある。また，ダイオードと同様に，ベース電流 i が流れない，または逆向きに流そうとしたときは，トランジスターはオフになり，コレクタからエミッタに電流は流れない。

次に，図 3.2(b) にコレクタ－エミッタ間の電圧－電流特性を示す。このうちベース電流が流れる第 1 象限をオン，電流が流れない第 1 象限をオフと呼ぶ。オフとはコレクタ電流が 0 に近い領域のことで，遮断とも呼ぶ。また，オンの領域のうちコレクタ－エミッタ電位差が 0 に近い（多くはほぼ 0.3 V 程度）領域を導通，それよりも電位差が大きい非飽和領域をノーマル，その他の逆動作をする領域をリバースと呼ぶ。

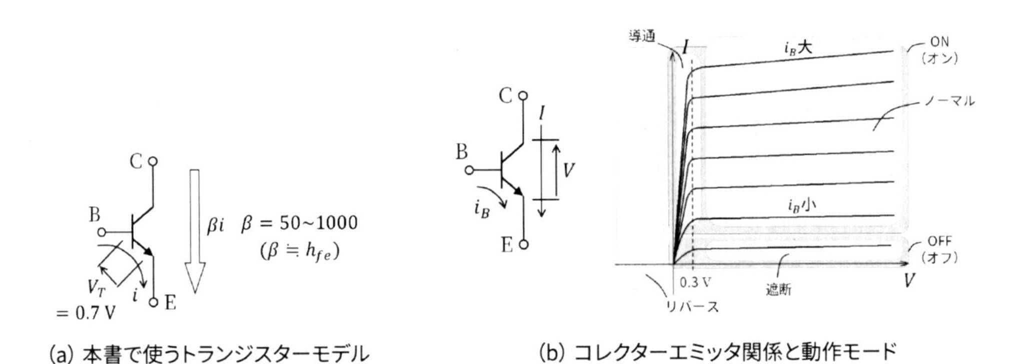

(a) 本書で使うトランジスターモデル　(b) コレクターエミッタ関係と動作モード

図 3.2　トランジスターモデルと動作モード

今日，試作に使われることが多いトランジスターは 2SC1815 であろう（ただし本書執筆時点で既に製造中止になっている）。型番の付け方には決まりがあるので，以下の通り説明する。トランジスターは np 接合と pn 接合が基本であり，型番の 2 は半導体のジャンクションが 2 つあることを示している。S は**半導体** (semiconductor)，C は高周波 npn トランジスターであることを示す。型番の 1815 の部分は 11 以降の数が割り当てられ，1 メーカー 1 種に対し 1 つの番号が与えられる。同じ製品であってもメーカーが違うと異なる型番になる。2SC1815 の相補的な pnp トランジスターは 2SA1015 である。ここで 2SA と 2SB は pnp トランジスターを表し，2SC と 2SD は npn トランジスターを表す。2SA と 2SC は高周波用，2SB と 2SD は低周波用である。

型番の先頭に示されるジャンクション数は，0S がフォトトランジスターとフォトダイオード，1S がダイオード，2S がバイポーラトランジスター，FET，サイリスタなど，3S は 2 ゲート内蔵 FET が該当する。2SA から 2SD はバイポーラトランジスターを表す。**バイポーラ** (bipolar) とは動作に**電子** (electron) と**正孔** (positive hole) の 2 つが働くことをいう。それに対して電界効果トランジスター (FET) は**ユニポーラ** (unipolar) トランジスターと呼び，2SJ が p チャンネル FET を，2SK が n チャンネル FET を示す。

3.1.2　トランジスターの基本動作

トランジスターを使用した増幅器にはエミッタ接地，ベース接地，コレクタ接地の 3 種類がある。しかしベース接地は入力インピーダンスが低く，コレクタ接地は増幅率が 1 であることから，メインに使われることは少なく，基本はエミッタ接地である。図 3.3(a) は基本的なエミッタ接地増幅回路である。図では負電源側にマイナス電位を与えているが，これを 0 V のグランドラインに置き換えても一般性は失わない。微小入力 v_i は C_1 にチャージされた電位差分だけ高い電位でトランジスターのベースに与えられる。ベースのバイアス電位は R_1，R_2 によって事前に設定されている。R_1，R_2 はそれぞれ**バイアス抵抗**，**ブリーダー抵抗**と呼ばれることが多い。微小入力 v_i 分の増減がベース電流の増減 i_B となり，この β 倍の電流が R_C を流れるので，C 点の電位は $V - \beta i_B R_C$ のように変動する。したがって直流分をカップリングコンデンサー C_2 で除去すると，負荷 R_L にかかる電圧 v_o はベース電流の $-\beta R_C$ 倍に増幅される。この増幅器を 2 段**カスケード** (cascade) につなぐことで，さらに増幅率を増す用法もあり，その際は間にカップリングコンデンサーを入れて，直流的に独立させることに注意する。なおこの回路出力を，のちに述べるエミッタフォロアに接続するときは，カップリングコンデンサーは不要である。

エミッタ接地といいながらエミッタ側に抵抗 R_e を接続しているのは，**自己バイアス**を構成するためである。電流増幅率 β はトランジスターの発熱等によって変動するが，この変動を許すと動作点がずれるなどの悪影響が生じる。これを回避するのがエミッタ抵抗 R_e の役割である。いま，何らかの影響でエミッタ電位が本来より低くなったとしよう。するとベース－エミッタ電位差が大きくなり，ベース電流が増え，その β 倍でコレクタからエミッタに流れる電流が増える。これがエミッタ抵抗 R_e を流れてエミッタ電位を高くし，巡り巡って本来より変化した分が補正される。これを自己バイアス（電流帰還型バイアス方式）と呼ぶ。ただし，微小変動が自己バイアスによって打ち消されると，増幅したい本来の交流信号まで補正されて増幅機能が失われる。そこで交流変動分に対してはエミッタ抵抗 R_e をゼロにする必要があり，そのためにエミッタ抵抗に並列にカップリングコンデンサー C_e が接続されている。

エミッタ接地にほかの接地法を組み合わせると効果的なことがある。次にこれを説明する。図 3.3(a) のエミッタ接地増幅回路では，特に信号が高周波になると，ベース－コレクタ間の内部静電容量 C_{cb} が影響してくる。つまり，ベース電位をわずかに高くすると，コレクタ電位はその

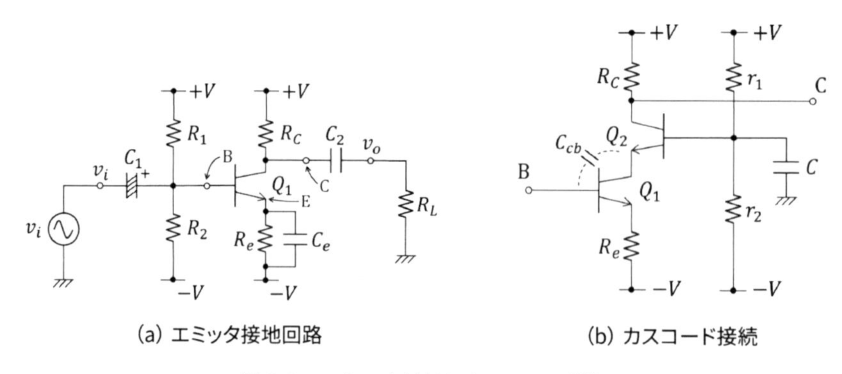

図 3.3　エミッタ接地とカスコード接続

βR_C 倍だけ低くなる。ベース－コレクタ間が容量性に接続されると，ベース電位を上げることが困難になる。これを**ミラー効果** (Miller effect) と呼び，高周波特性を悪化させる。これを改善する回路構成が図 3.3(b) の**カスコード** (cascode) 接続である（cascade connection triode (真空管の縦続接続）を語源とする)。Q_1 のコレクタにベース接地されたトランジスター Q_2 を加えると，このコレクタ電流は Q_1 のコレクタ電流と等しいので，図の C は図 3.3(a) のコレクタ C と同じ電位の動作をする。なおかつ，図 3.3(b) の B-C 間の静電容量は C_{cb} の影響が現れなくなる。このような工夫により，ミラー効果を回避して高周波増幅ができる。

また，エミッタ接地回路では出力が抵抗 R_C の電圧降下に頼っているため，出力負荷に十分な電力を供給できない欠点がある。これはコレクタ接地トランジスターを追加して改善できる。図 3.4 にコレクタ接地の使い方を示す。図 3.4(a) は，コレクタを高電位側電源に直接接続したコレクタ接地回路である。接地という言葉は，インピーダンスが低い点に接続するという意味で，接地点電位とは無関係の概念である。入力が 0.7 V 下がった電圧を出力するだけの回路なので，**ボルテージフォロア** (voltage follower) あるいは**エミッタフォロア** (emitter-follower) とも呼ばれる。電圧増幅率は 1 であり，負荷抵抗がいくら低くなっても十分にトランジスターのエミッタからの電流を負荷に供給できるため，出力電力を高くすることができる。ゆえにその前段にエミッタ接地増幅器を置き，その出力からコンデンサーを介さずに直接この回路に接続することで，電力増幅をして，出力インピーダンスを低くできる。

図 3.4(b) はコレクタ接地の応用回路であり，コレクタ接地トランジスター Q_3 と相補的に，低電位電源側にもコレクタ接地トランジスター Q_4 を使っている。この構成によると，出力端での電流の吐き出しと，電流の吸い込みとが，いずれも十分な能力で行うことができる。この回路を**プッシュプル** (Push-Pull) 接続（または **SEPP**(Single Ended Push-Pull)）と呼ぶ。コレクタ接地回路を単純にプッシュプルの構成にすると，ベース－エミッタ間電位差（$V_T = 0.7$ V）の分だけ出力にクロスオーバー歪と呼ばれる非線型特性が生じる。その原因となる電位差は，この回路では Q_1 と Q_2 で補償している。なおプッシュプル動作では電力供給を狙っているため，トランジスター Q_3 と Q_4 は発熱が予想される。そのため，Q_3 と Q_1 とを熱的にカップリングして放熱器に取り付け，Q_4 と Q_2 についても同じ配慮をする。この回路も電圧増幅の仕組みがないため，図 3.4(a) と同様にボルテージフォロアである。このような回路をエミッタ接地増幅器の出力段に増設すれば，出力インピーダンスを極めて低くできる。

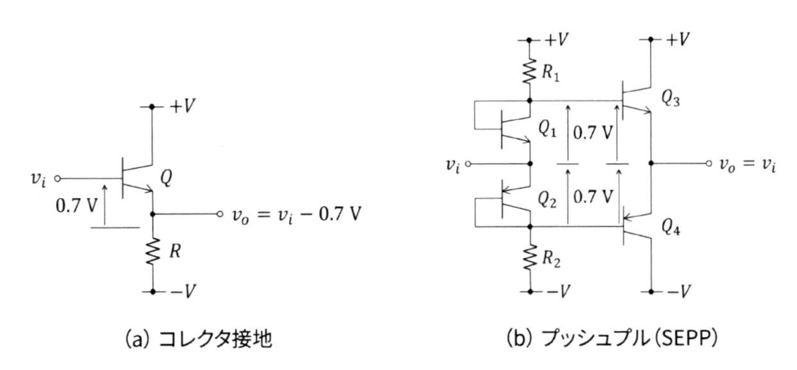

図 3.4　コレクタ接地とプッシュプル

3.2　トランジスターの組み合わせ

3.2.1　トランジスターの高性能化

例えばセンサの微弱信号を拡大する，アンプの増幅率を増大する，大きな増幅を後段に任せて前段は繊細に設計したい，等の場合は，トランジスターの電流増幅率 β をさらに大きくして解決できることが多い。このような用途には，図 3.5 に示す**ダーリントン接続** (Darlington configuration) を用いる。

図 3.5(a) は典型的な接続法で，2 つのトランジスターが電流増幅率 β を持つなら，Q_1 のベース電流 i に対してコレクタ側から βi が流れ込むので Q_2 のベース電流は $(\beta+1)\,i$ であり，さらにコレクタ側から $\beta\,(\beta+1)\,i$ が流れ込むので，$\beta i+\beta\,(\beta+1)\,i$ は全体のコレクタ電流である。すると等価の電流増幅率は $\beta^2+2\beta$ となり，ほぼ β^2 になる。ただし，この接続法では，既存のトランジスターの置き換えとする場合にベース－エミッタ間の遷移電圧が $2V_T$ になる。これを避けたい場合は，図 3.5(b) の**インバーテッドダーリントン接続** (inverted Darlington configuration) にする。

図 3.5(c) は 3 段ダーリントン接続のバリエーションで，電流増幅率はほぼ β^3 が得られる。遷移電圧が V_T になる組み合わせを求めるなら，pnp トランジスターをどこかで組み合わせる。

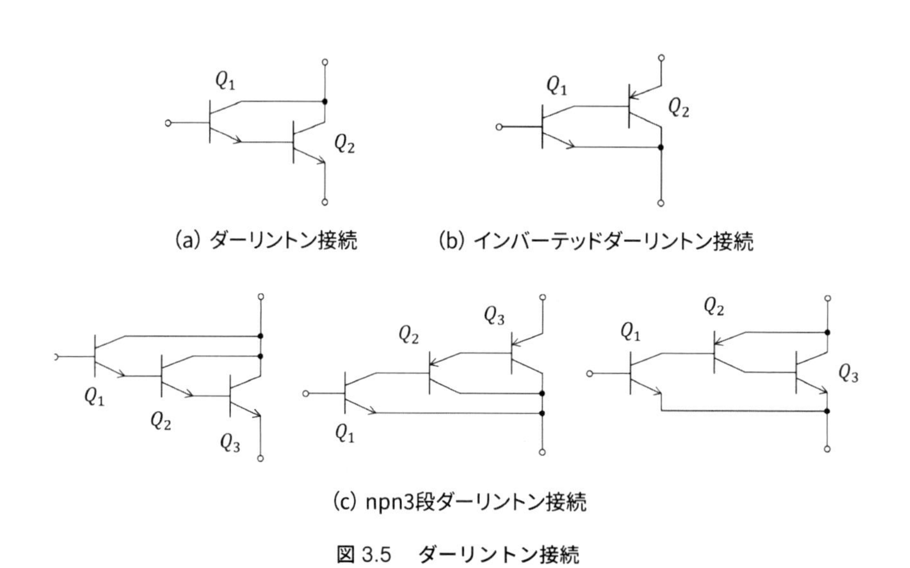

図 3.5　ダーリントン接続

ダーリントン接続によれば電流増幅率 β を大きくできるが，出力電流の絶対定格を変えることはできない。しかし図 3.6 のパラレル接続によると，図 3.6(a) の構成で 2 倍の最大電流を，図 3.6(b) の 3 倍パラレル接続で 3 倍の最大電流を流すことができる。したがって，ダーリントン接続の最終段トランジスターをこのようなパラレル接続で置き換えることを検討してもよい。

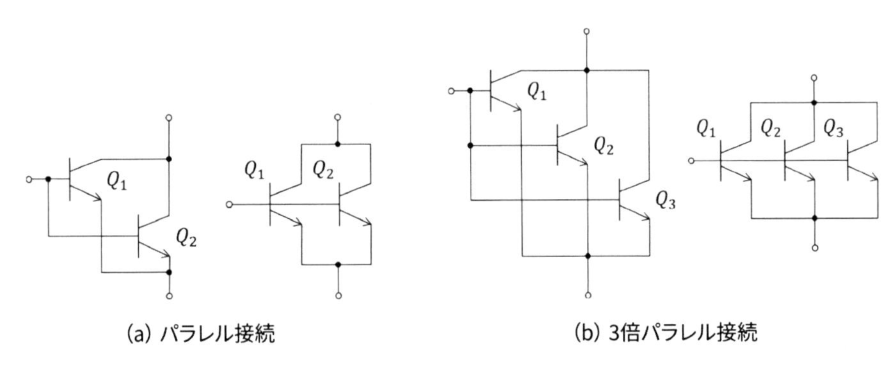

(a) パラレル接続　(b) 3倍パラレル接続

図 3.6　パラレル接続

3.2.2 トランジスターによる電圧回路

定電圧回路（constant-voltage circuit, voltage level shifter，または定電位差発生回路）には，機能的に見て大きく 2 種類がある。一つは定電圧を供給する回路で，負荷がどのような電流を要求してもその電流を流すことができ，かつ一定電圧を供給できるエネルギーを与える機能で，これが**定電圧源** (constant voltage source) である。もう一つは，それ自身にはエネルギーを持たないが，外部からいくばくかの電流を供給されれば一定電位差を生ずる**レベルシフト**の機能である。

図 3.7 に示した定電圧回路のうち，図 3.7(a) と (b) が定電圧源である。図 3.7(a) は電源を抵抗分圧してコレクタ接地トランジスターで，電圧フォロアにより電流供給する。図 3.7(b) はツェナーダイオードにより，電源電圧に依存しない電圧を供給する。図 3.7(c) はダイオードレ

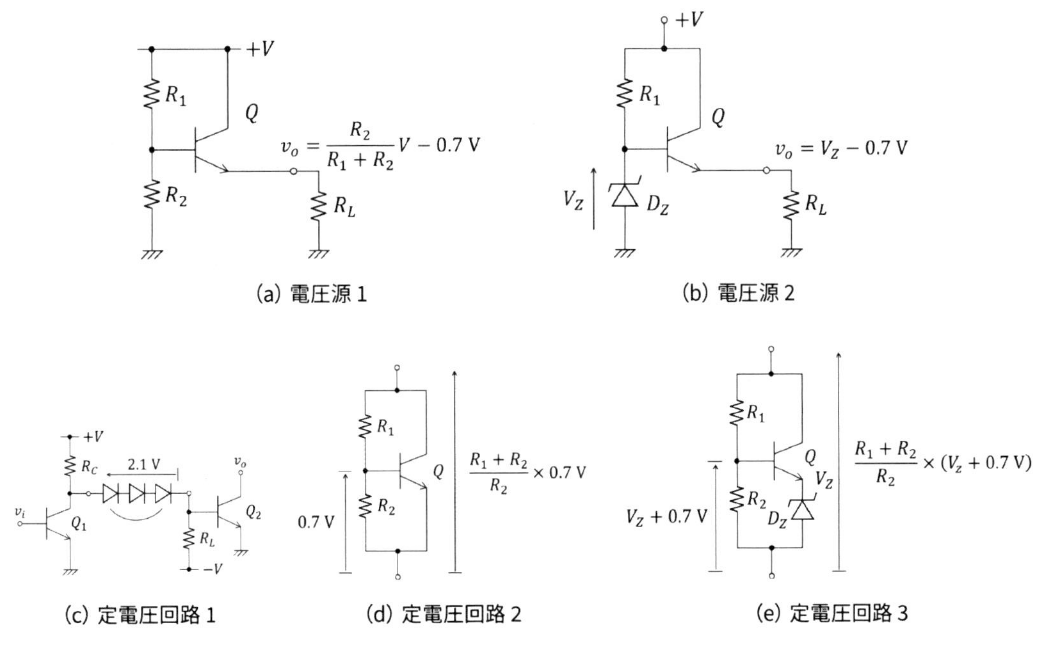

(a) 電圧源 1　(b) 電圧源 2

(c) 定電圧回路 1　(d) 定電圧回路 2　(e) 定電圧回路 3

図 3.7　定電圧回路

ベルシフトを使った定電圧回路である。図 3.7(d) は外部定電流を期待して抵抗分圧がトランジスターの遷移電圧に等しくなるような定電圧回路で，任意電圧が作れるため，IC チップ上で配置するのに向いている。図 3.7(e) はツェナーダイオードを使う定電圧回路で，より高い電圧の安定した電位差を発生できる。

3.2.3　トランジスターによる電流回路

定電圧源に対して定電流源には，多くの場合**カレントミラー** (current mirror, current repeater) が使われる。カレントミラー，電流ミラー，カレントリピーターなど多くの呼び方のあるこの回路は，一方の電流をそのまま同じ電流量でもう一方に写し取る回路である。これを図 3.8 に示した。

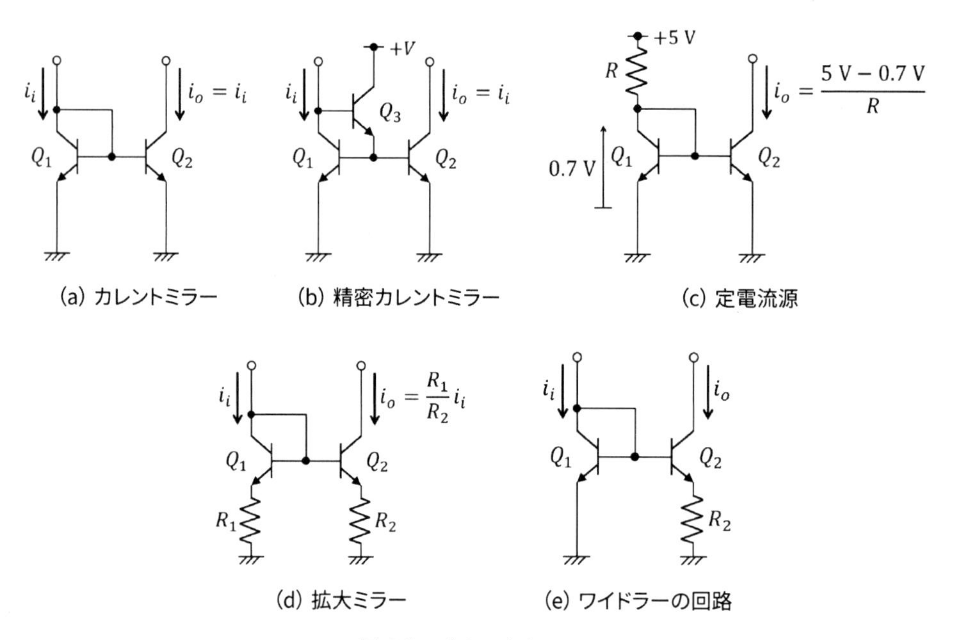

図 3.8　カレントミラー

図 3.8(a) は基本的なカレントミラー回路である。Q_1 に定電流 i_i を流しておくと，この一部 $(1/\beta)$ が Q_1，Q_2 のベース電流となるので 2 つのトランジスターはオンになり，ノーマルモードで動作する。Q_1 の遷移電圧が Q_1 のコレクタ電圧になり，0.7 V に固定される。したがって Q_1 と Q_2 を同条件で選別すると，Q_2 のコレクタ電流はベース電流の β 倍であって，その結果 Q_2 側の電流は（電流が流せる状況にあれば）$i = i_i$，正確には $i_o = i_i\left(\beta/(\beta+2)\right)$ となり，十分大きな β に対して電流を写すことが可能である。この誤差が気になる場合には，図 3.8(b) に示す**精密カレントミラー**と呼ばれる回路を用いる。ベース電流を直接電源から流すために，ほとんど正確に $i_o = i_i$ となる。

カレントミラーを使った定電流源としては，図 3.7(c) の回路がよく使われる。この回路では Q_1 のベース電位 0.7 V が同じくコレクタ電位となるため，電源 5.0 V に対して抵抗 R の電圧降下が 4.3 V になる。これにより Q_1 側の電流を任意に作ることができ，それがそのまま

$i_o = 4.3\,\mathrm{V}/R$ の定電流源として使える。

図 3.7(d) は拡大鏡の機能を持つカレントミラーである。2 つのトランジスターのベース電位が同じであるから，2 本の抵抗の両端電位差は同じである。ここから十分大きな β に対して $i_o = (R_1/R_2)\,i_i$ のように比例に基づいて電流を写し取る。より厳密には

$$i_o = \frac{R_1}{R_2} i_i + \left(\frac{kT}{q}\right) \frac{1}{R_2} \ln\left(\frac{i_i}{i_o}\right) \tag{3.1}$$

で表せる [1]。ここで kT/q は熱電圧で，室温で約 25 mV である。なお回路の専門書ではこの熱電圧を V_T で表す流儀があるが，本書では遷移電圧を V_T で，熱電圧を kT/q で表しているので注意されたい。

この回路で $R_1 = 0$ と置いた回路は，図 3.7(e) の**ワイドラーの回路** (Robert J. Widlar's circuit) と呼ばれる電流源である。この特性は式 (3.1) から求まり

$$i_o = \left(\frac{kT}{q}\right) \frac{1}{R_2} \ln\left(\frac{i_i}{i_o}\right) \tag{3.2}$$

である。同じ特性は基本から求めることができ，これを簡単に示しておく。Q_1 のベースエミッタ間電圧は，Q_2 のベースからエミッタを経由して R_2 を経由する電圧に等しい。ベース－エミッタ間の電流と電圧の関係は式 (2.1) を近似的に

$$i = i_s e^{\frac{q}{kT} v} \tag{3.3}$$

と表せるので

$$\frac{kT}{q} \ln\left(\frac{i_i}{i_s}\right) = i_o R_2 + \frac{kT}{q} \ln\left(\frac{i_o}{i_s}\right) \tag{3.4}$$

として表せる。これを整理すると

$$i_o = \frac{1}{R_2} \frac{kT}{q} \ln\left(\frac{i_i}{i_o}\right) \tag{3.5}$$

が得られる。これは式 (3.2) と等値である。

3.2.4 トランジスターによる機能回路

図 3.9 はカレントミラー回路を応用した単一出力差動入力回路であり，後に述べるオペアンプの入力段に相当する部分である。この回路では Q_1 と Q_2 がカレントミラーであり，定電流を $i_o = (2V - V_T)/R$ として作り出している。Q_3 と Q_4 は入力電圧を電流に変換し，その電流差は Q_5 と Q_6 が構成するカレントミラーを経由して作られる。すなわち，出力側の負荷へ電流 $i_1 - i_2$ が流れることにより，負荷抵抗端に単一電圧 $v_o = (i_1 - i_2)\,R_L$ が生じる。

図 3.10(a) は差動電圧を増幅する回路で，その特性は

$$v_o = \frac{q}{2kT} I_0 R_L \,(v_2 - v_1) \tag{3.6}$$

で表せる [2]。通常のエミッタ接地トランジスター増幅器は直流を増幅しないため，カップリングコンデンサーを使ってバイアス分を取り除けるが，ここで紹介する差動増幅器は差動の形をとることで直流をも増幅ができている。この特性は次のように求めることができる。まず，トラン

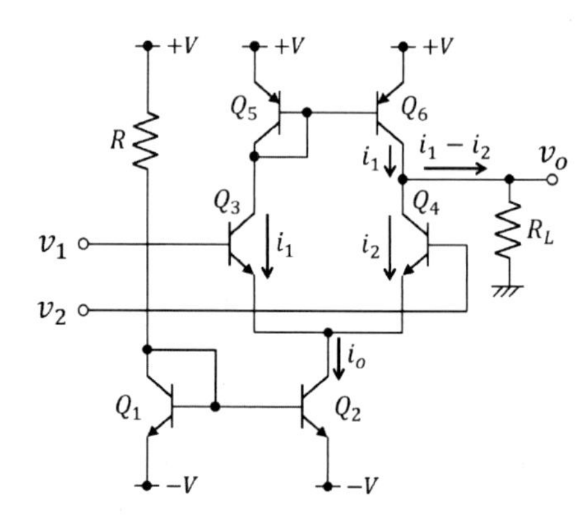

図 3.9　単一出力差動入力回路

ジスターを簡略化して図 3.10(b) のようなモデルで表す。この中で入力抵抗 r はハイブリッドパラメータの h_{ie} に相当し，電流増幅率 β はハイブリッドパラメータの h_{fe} に相当するものである。このように簡略化したモデルにより，図 3.10(c) の等価回路が得られる。まずループ L_1 に沿ってキルヒホッフの電圧則を適用すると

$$v_o + \beta i_1 R_L - \beta i_2 R_L = 0,\ \text{or}\ v_o = -\beta\,(i_1 - i_2)\,R_L \tag{3.7}$$

同様にループ L_2 に沿ってキルヒホッフの電圧則を適用すると

$$v_1 - r i_1 + r i_2 - v_2 = 0,\ \text{or}\ v_1 - v_2 = r\,(i_1 - i_2) \tag{3.8}$$

である。上の 2 式より

$$v_o = R_L \frac{1}{r} \beta\,(v_2 - v_1) \tag{3.9}$$

を得る。式 (2.1) を

$$i_1 = i_s e^{+\frac{q}{kT} v_1} \tag{3.10}$$

と表せば

$$\frac{1}{r} = \frac{\partial i_1}{\partial v_1} = i_s \frac{q}{kT} e^{+\frac{q}{kT} v_1} = \frac{q}{kT} i_1 \tag{3.11}$$

である。また $\beta \gg 1$ と $i_1 \risingdotseq i_2$ を仮定すれば

$$\beta = \frac{1}{2} \cdot \frac{I_0}{i_1} \tag{3.12}$$

である。これらを式 (3.9) に代入して

$$v_o = R_L \frac{q}{kT} i_1 \frac{1}{2} \cdot \frac{I_0}{i_1}\,(v_2 - v_1) = R_L \frac{q}{2kT} I_0\,(v_2 - v_1) \tag{3.13}$$

を得る。これは式 (3.6) と同値である。

次に図 3.10(a) の差動増幅器の電流表現を作ってみる。出力は負荷抵抗 R_L を使っているので

$$v_o = (V - R_L I_1) - (V - R_L I_2) = R_L\,(I_2 - I_1) \tag{3.14}$$

であるから，式 (3.13) に代入すると

$$I_1 - I_2 = \frac{q}{2kT} I_0 (v_1 - v_2) \tag{3.15}$$

という関係がある。これを使うと，次の乗算器が説明できる。

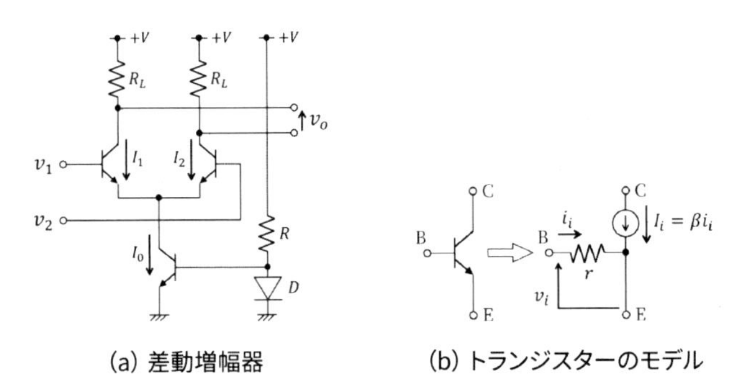

(a) 差動増幅器　(b) トランジスターのモデル

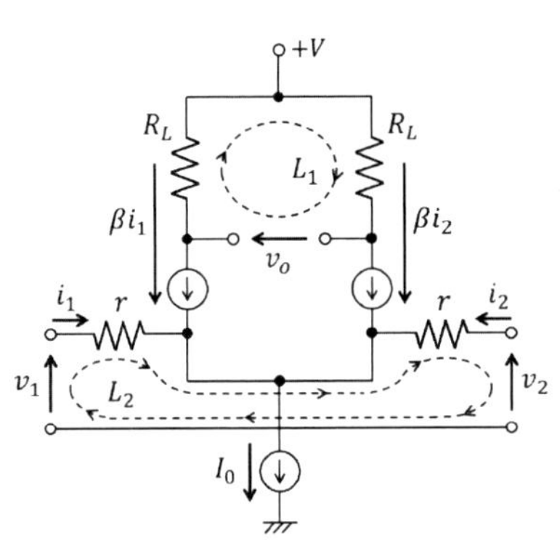

(c) 等価回路

図 3.10　差動増幅器

図 3.11 は**ギルバートの乗算器** (Barrie Gilbert cell) と呼ばれるもので，3 基の差動増幅器を組み合わせて，アナログ電圧の乗算が差動電圧の形で取り出せる回路である。

まず定電流 $I_0 = I_1 + I_2$ の部分で

$$I_1 - I_2 = \frac{q}{2kT} I_0 V_1 \tag{3.16}$$

が成り立ち，同様に電流 $I_1 = I_3 + I_4$ と電流 $I_2 = I_5 + I_6$ の部分で

$$I_3 - I_4 = \frac{q}{2kT} I_1 V_2 \tag{3.17}$$

$$I_5 - I_6 = -\frac{q}{2kT} I_2 V_2 \tag{3.18}$$

が成り立つ。これを使って出力を計算すると

$$V_0 = (I_3 + I_5 - I_4 - I_6) R_L = \frac{q}{2kT} (I_1 - I_2) V_2 R_L = \left(\frac{q}{2kT}\right)^2 R_L I_0 V_1 V_2 \tag{3.19}$$

であるから，入力の積が出力される回路であることがわかる。

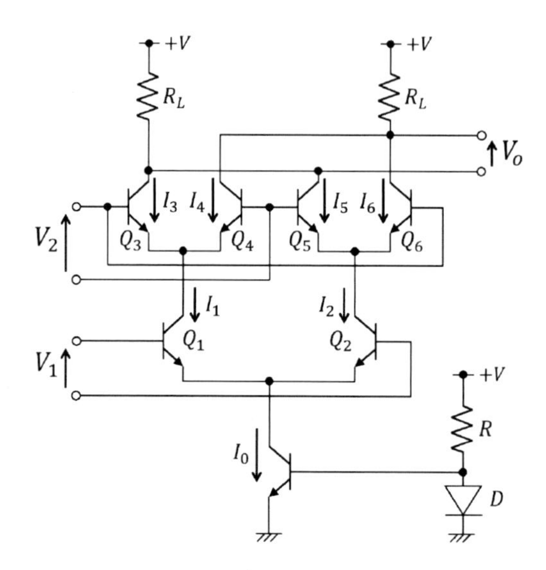

図 3.11　ギルバートの乗算器

3.3　演習課題と考察

Q 3.1　本文で説明のなかったトランジスターの種類を調べよ。

Q 3.2　トランジスターの名の由来と歴史を調べよ。合わせて，トランジスター発明者の逸話も調べよ。また関連項目も調べ，トランジスターにまつわる広い範囲の調査をせよ。

Q 3.3　図 3.3(a) のエミッタ接地回路で負の電源がグランドになっているとき，B 点から左を見たときの等価回路を求めよ。

Q 3.4　マルチバイブレータについて調査せよ。

Q 3.5　発振器について調査せよ。

Q 3.6　FET について調査し，FET による増幅器を設計せよ。

Q 3.7　レフレックス 1 石ラジオについて調査せよ。

Q 3.8　トランジスターでリレーを駆動する回路を設計せよ。

Q 3.9　フォトトランジスターを使ったフォトカプラを調査せよ。

Q 3.10　多段増幅回路の接続でカップリングコンデンサーを入れるべき条件を回答せよ。

Q 3.11　トランジスターによる差動増幅器が IC（集積回路）の内部に多く使われる理由を考察せよ。

Q 3.12　図 3.12 に示す 2 相信号発生回路について，動作を説明せよ。また応用を考察せよ。

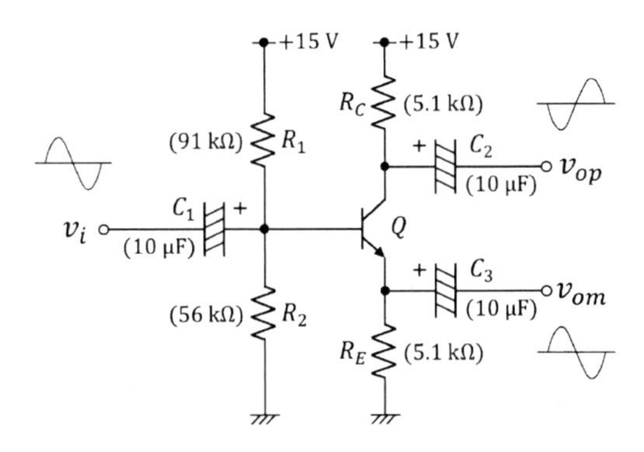

図 3.12　2 相信号発生回路

Q 3.13　図 3.13 に示すトランジスターの接続法には，どのような利点があるか。

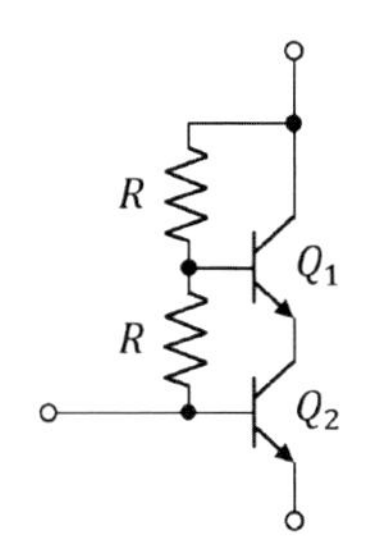

図 3.13　トランジスターの接続法

Q 3.14　図 3.14 に示す差動型アナログスイッチの動作を説明せよ。また用途を考察せよ。

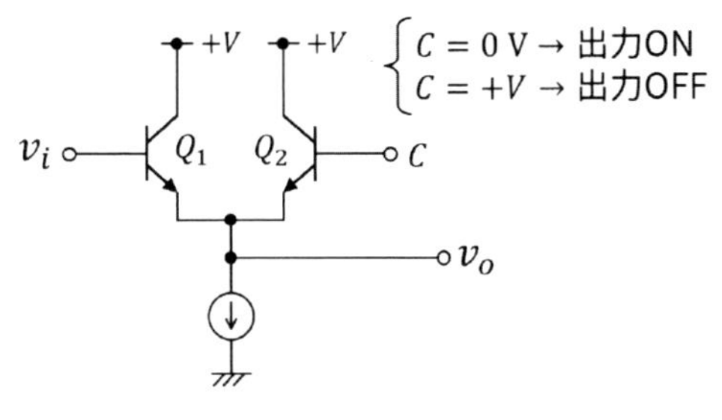

図 3.14　差動型アナログスイッチ

第4章

オペアンプを使う回路

本章では，機能素子としてオペアンプを導入する。まずネガティブフィードバックの考え方から非反転増幅器を導入し，次に3つの方法で反転増幅器を導入する。オペアンプは直流から働くので，交流・直流ともに機能的に作用する。このオペアンプを応用した回路を多数見ることで，設計の要点を確認し，組み合わせのアイディアを理解する。

4.1　ネガティブフィードバックとオペアンプ

本書の読者はオペアンプの基本について既に習得しているものとみなし，ここでは少し変わった方法で非反転増幅器，反転増幅器を学ぶことにする。少し変わった方法とは，後述するイマジナリーショートを知らなくとも，オペアンプの基本回路の動作が導けるという意味である。

元来，オペアンプにはイマジナリーショートの概念はなく，ネガティブフィードバックをかけて初めてイマジナリーショートが生じる。本書では，まず初めに電流を使わずに説明するので，直観的に理解しやすいものと考えられる。次に重ねの理を使う方法，最後に電流を使う一般的な方法を説明する。

4.1.1　ネガティブフィードバック

ブロック線図 (block diagram) は有向グラフの一つであり，矢印は入出力の信号（物質，エネルギー，情報）を示し，基本的に左から右に信号を流す。これは電流の向きではなく，上流から下流への信号の流れを意味する。したがって，逆向きに流れる信号は**フィードバック** (feed-back；負帰還）である。

信号を操作する要素は，図 4.1(a) に示す (1) 信号の加算を示す加算点，(2) 信号の（伝達特性との）乗算を示すシステム入出力，(3) そのまま信号を分岐する引き出し点，の3つである。図 4.1(b) に示すのはそれらに対応する逆要素であり，単に信号の流れを逆にしたものである。逆要素は (1) 信号の減算を示す減算点，(2) 信号の（伝達特性との）除算を示す逆システム入出力，(3) 向きを逆にして信号を分岐する引き出し点，の3つである。

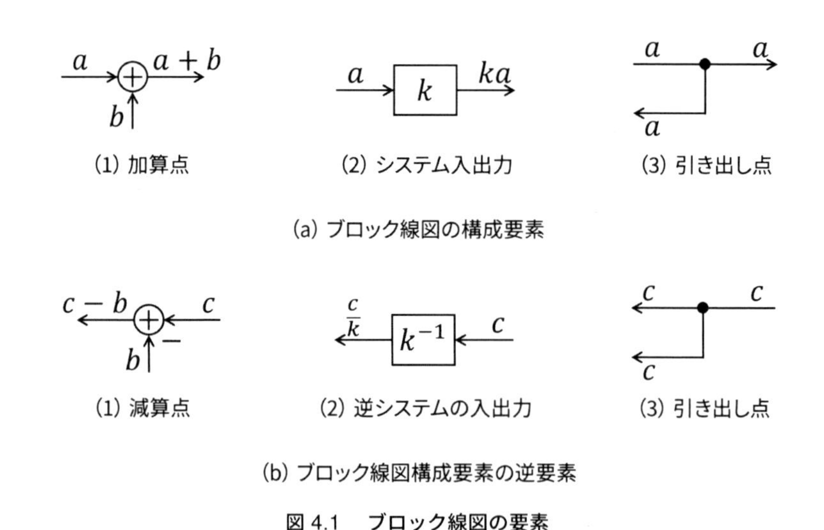

図 4.1　ブロック線図の要素

最も基本となるシステムの組み合わせは，カスケード接続である。図 4.2(a) に**カスケード接続** (cascade connection) を示す。A からの出力 Ax が B に入力されるので $y = BAx$ であり，この等価システムは図 4.2(b) のように示せる。**伝達関数** (transfer function) は BA であるが，互いに線型系なら交換則が成り立つので，伝達関数を AB と書いても差し支えない。

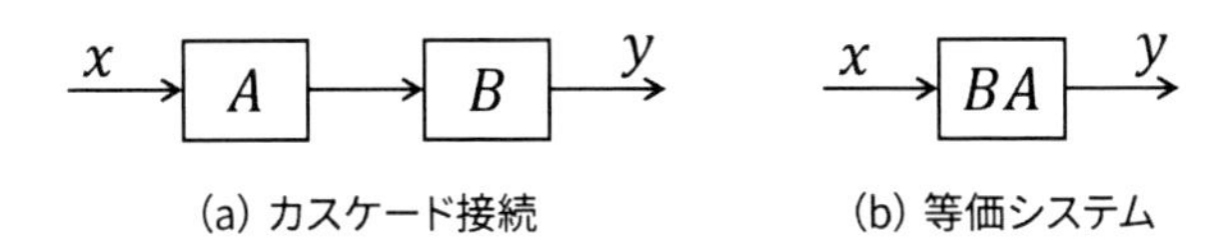

(a) カスケード接続　　(b) 等価システム

図 4.2　カスケード接続と等価システム

図 4.3 に示すネガティブフィードバックは，行き過ぎたら戻し，足りなければ加えるというインタラクティブな作用をする，工学的に最も意味深いシステムの一つである。例えば目的地に進む船が風であおられたなら，舵を風上側に切って目的方向に船体を立て直す，というようなもので，基本は図 4.3(a) の形であり，フィードバック要素を介した信号が，入力に減算的に作用する。このようなシステム特性を求めるには，順方向要素をすべて逆要素に置き直して図 4.3(b) の等価システムを作ると理解しやすい。ここから図 4.3(c) の逆等価システムが得られるので，その逆特性の伝達特性の分母子に順方向ゲイン A を乗じて，図 4.3(d) の等価システムを得る。

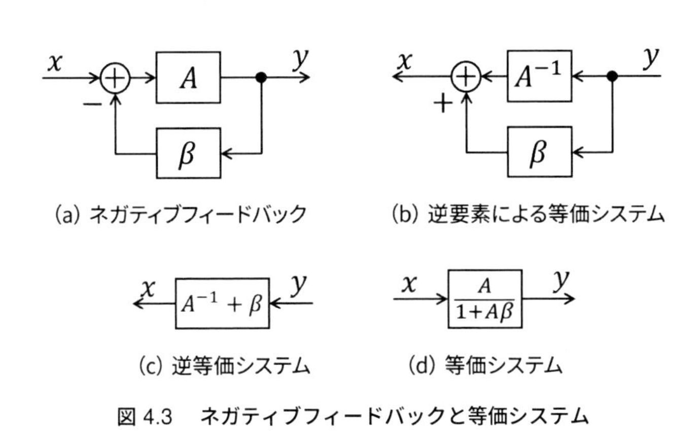

(a) ネガティブフィードバック　　(b) 逆要素による等価システム

(c) 逆等価システム　　(d) 等価システム

図 4.3　ネガティブフィードバックと等価システム

ここで図 4.4(a) のようにゲインが十分大きい $(A \to \infty)$ とすれば，伝達特性は

$$\lim_{A\to\infty} \frac{A}{1+A\beta} = \frac{A}{A\beta} = \beta^{-1} \tag{4.1}$$

となる。これが図 4.4(b) の等価システムである。これは，順方向ゲインさえ大きくしておけば，帰還路の特性のみでシステム全体の特性が決まるということを意味する。これは，システム全体の特性が帰還路の逆特性として得られるということでもあるので，逆関数が必要な場合はネガティブフィードバックを使うとよい。

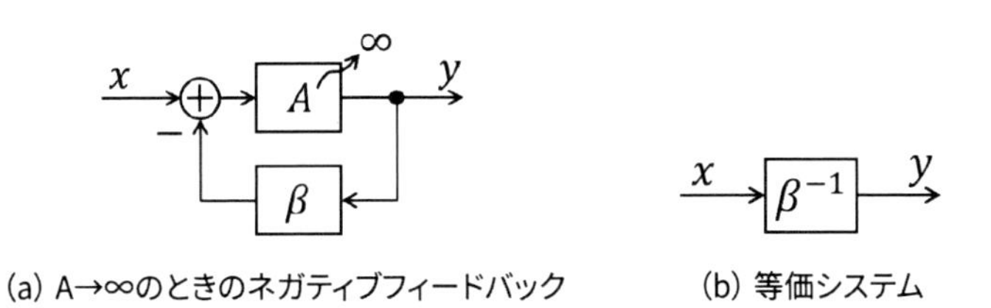

(a) A→∞のときのネガティブフィードバック　　(b) 等価システム

図 4.4　順方向ゲインが十分大きいネガティブフィードバック

ここで図 4.5(a) のようにゲインが十分大きい**差動増幅器**（これを**演算増幅器：オペアンプ**あるいは OP アンプ (Operational Amplifier, or OP-Amp.) と呼ぶ）を用意すれば，外付けフィードバックにより図 4.5(b) の等価回路が得られる。

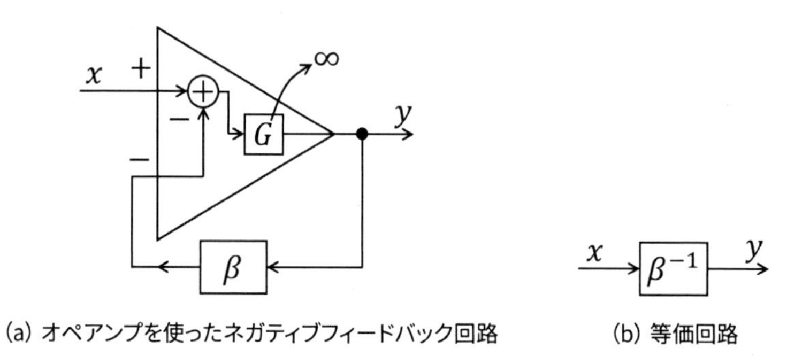

(a) オペアンプを使ったネガティブフィードバック回路　　(b) 等価回路

図 4.5　オペアンプと外付け回路による増幅器

これをそのまま図 4.6(a) のようにオペアンプと分圧器 $\beta = R/\left(R + R_f\right)$ で置き換えると，**非反転増幅器** (non-inverting amplifier) が完成する。この等価特性は図 4.6(b) に示す通りである。つまりオペアンプに外付け抵抗 2 本を組み合わせるだけで，$\beta^{-1} = \left(1 + R_f/R\right)$ 倍のゲインを持つアンプが設計できたことになる。

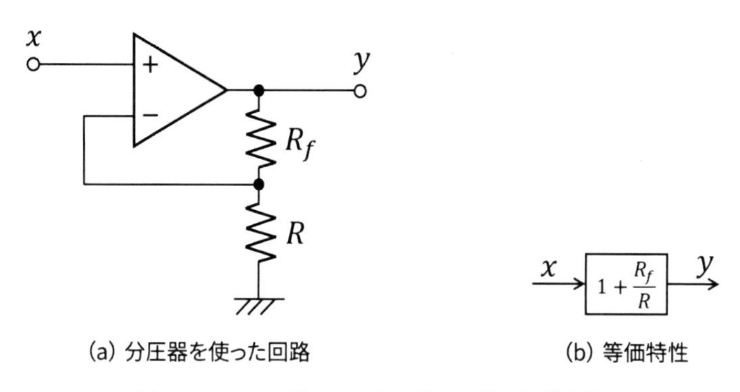

(a) 分圧器を使った回路　　(b) 等価特性

図 4.6　$\beta = R/\left(R + R_f\right)$ を使った非反転増幅器

図 4.7(a) には，非反転増幅回路の形を変えて示している。この図で出力を y' とおき，電圧の基準をまるごと $-x$ だけシフトする。そうすれば，オペアンプのマイナス入力点が 0 V に接地したことに相当する図 4.7(b) の出力を得る。次に入力 x の符号を反転して，その出力を y と置き直せば，図 4.7(c) に示すような $-R_f/R$ 倍のゲインを持つアンプが設計できたことになる。これが**反転増幅器** (inverting amplifier) である。この回路では外付け抵抗 2 本を選ぶことで，信号を反転するアンプが完成している。

ここまでの説明で，基本的な反転増幅回路と非反転増幅回路が導くことができた。またこの説明では電圧を使うのみで，電流には一切言及しておらず，イマジナリーショートや仮想接地の概念も使っていない。ここで初めてイマジナリーショートを説明する。

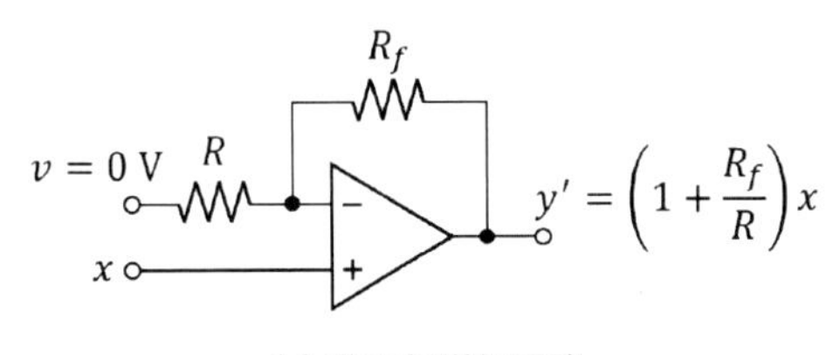

(a) 非反転増幅回路

(b) 非反転増幅回路の基準電位を $-x$ した回路

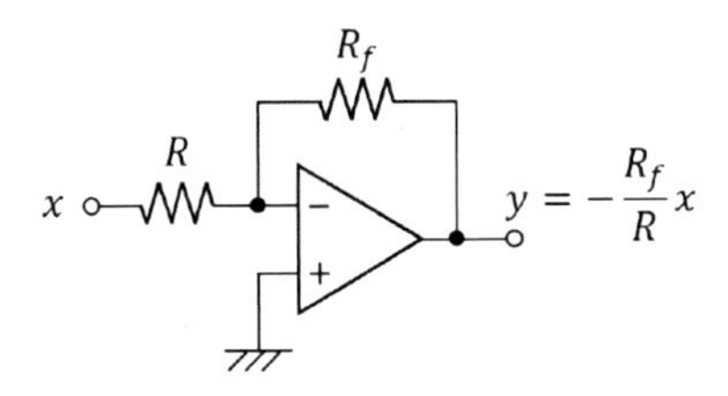

(c) 入力 x の符号を反転した反転増幅回路

図 4.7　非反転増幅回路から反転増幅回路を得る

オペアンプは，図 4.5(a) に示すように正負の入力に対して無限倍の増幅を行う。それでも出力 y は有界な値をとるが，これはオペアンプの反転入力端子（以下，－入力と呼ぶ）と非反転入力端子（以下，＋入力と呼ぶ）の電位が等しくなければ成立しない。このように，ネガティブフィードバックをかけて初めて＋入力と－入力とが等しくなる。逆の言い方をするなら，＋入力と－入力がいつでも等しくなるようにフィードバックが働いているのであり，このとき，＋入力と－入力とがオペアンプ内部であたかも短絡しているように動作するのである。これを**イマジナリーショート**（想像上の短絡；imaginary short）と呼ぶ。その結果，図 4.7(c) の反転増幅回路では「＋入力が接地されているので－入力端子は**仮想接地** (virtual ground) されている」と表現する。

図 4.8 に，基本的なオペアンプ増幅器をまとめておく。図 4.8(a) は非反転増幅回路であり，

$$y = \left(1 + \frac{R_f}{R}\right) x \tag{4.2}$$

の特性を持つ。図 4.8(b) は反転増幅回路であり，

$$y = -\frac{R_f}{R} x \tag{4.3}$$

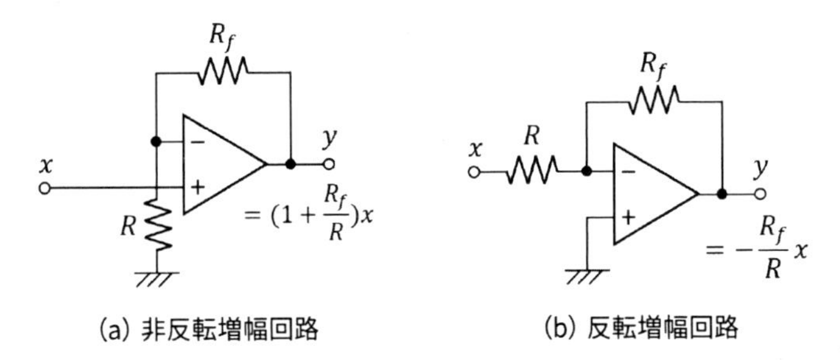

(a) 非反転増幅回路　　(b) 反転増幅回路

図 4.8　基本的なオペアンプ増幅器

の特性を持つ。

4.1.2　仮想接地と重ねの理による解法

反転増幅器の導出を，別の解法で行ってみよう。図 4.9(a) のように反転増幅器を書いてみると，そこには 2 つの特殊な点があることがわかる。まずオペアンプの − 入力端子は電流の入出力が 0 かつ仮想接地されているので，電位も 0 である。このような A 端子からオペアンプを見た回路を**ヌレータ** (nullator) と呼ぶ。それに対してオペアンプ出力端子は，必要ならいくらでも電流を流せて，なおかついつでも必要な電圧を作ることができる。このような B 端子からオペアンプを見た回路を**ノレータ** (norator) と呼ぶ。これら 2 つの特殊な回路は，受動素子をいくつつないでも，作ることは困難である。

この図で，電流を考えることなく仮想接地だけを使って入出力関係を導出してみる。まず v_1 を接地して v_o から A 点電位を計算すると，$v_3 = v_o R/\left(R + R_f\right)$ である。次に v_o を接地して v_1 から A 点電位を計算すると，$v_3 = v_1 R_f/\left(R + R_f\right)$ である。重ねの理（ことわり）より A 点電位は

$$v_3 = \frac{R}{R + R_f} v_o + \frac{R_f}{R + R_f} v_1 \tag{4.4}$$

であり，これは仮想接地点であるから 0 と置けば

$$v_o = -\frac{R_f}{R} v_1 \tag{4.5}$$

を得る。これは式 (4.3) と等価である。この解法も電流を使うことなく結論に至る方法である（ただし，実は分圧の概念の導出に電流が入っている）。

同様にして，非反転増幅器についても同じ手法で計算ができるが，いささか簡単な課題であるのでここでは割愛する。ここではさらに応用して図 4.9(b) の減算器を考えよう。非反転入力端子の電位 v_4 は入力 v_2 の抵抗分圧であるから

$$v_4 = \frac{R_f}{R + R_f} v_2 \tag{4.6}$$

であり，これはイマジナリーショートの関係により式 (4.4) に等しいので

$$\frac{R_f}{R + R_f} v_2 = \frac{R}{R + R_f} v_o + \frac{R_f}{R + R_f} v_1 \tag{4.7}$$

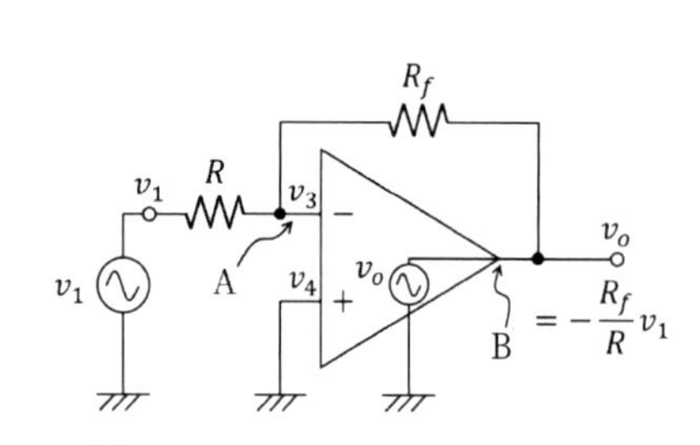

(a) 反転増幅器の重ねの理を使う解法

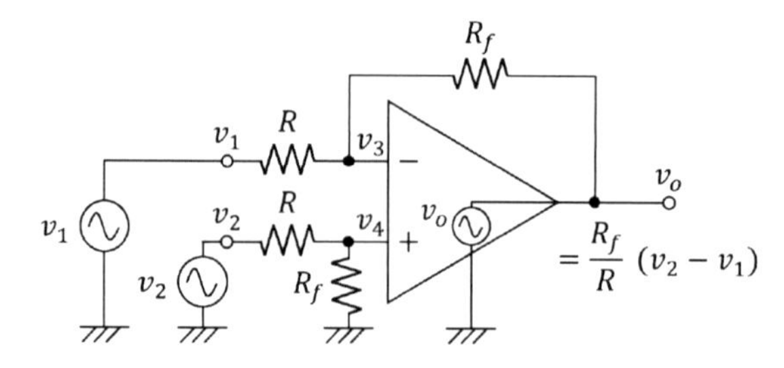

(b) 減算器への応用

図 4.9　重ねの理を使う解法とその応用

である。これを整理すると

$$v_o = \frac{R_f}{R}(v_2 - v_1) \tag{4.8}$$

が得られて，図 4.9(b) は減算器であることがわかる。

4.1.3 仮想接地と電流による解法

反転増幅器の導出を，さらに別の解法で行ってみよう。この手法は，多くのテキストで標準的に使われる解法である。図 4.10(a) のように反転増幅器を書くと，A 点が仮想接地であり，オペアンプには電流が流れないことより，2 本の抵抗に流れる電流 i は等しい。そのため

$$i = \frac{v_i - 0}{R} = \frac{0 - v_o}{R_f} \tag{4.9}$$

である。これを整理して

$$v_o = -\frac{R_f}{R}v_i \tag{4.10}$$

を得る。これは式 (4.3) と等値である。この解法は仮想接地と電流を使う解法であり，教科書ではこれを用いて解説されることが多い。事実，電流を使う解法は発展性に富んでいて，多くの応用が可能である。

図 4.10(b) では，入力端から仮想接地点 A に流れ込む電流 i は式 (4.9) をそのまま使って

$$v_o = -R_f \cdot i \tag{4.11}$$

と得られる。これは終端電流を検出するために使うことのできる電流－電圧変換器である。

図 4.10(c) の回路は，複数の入力端から流れ込む電流の和がフィードバック抵抗 R_f に流れることにより，$i = i_1 + i_2 + i_3$ を使うと

$$v_o = -R_f i = -R_f(i_1 + i_2 + i_3) = -\frac{R_f}{R}(v_1 + v_2 + v_3) \tag{4.12}$$

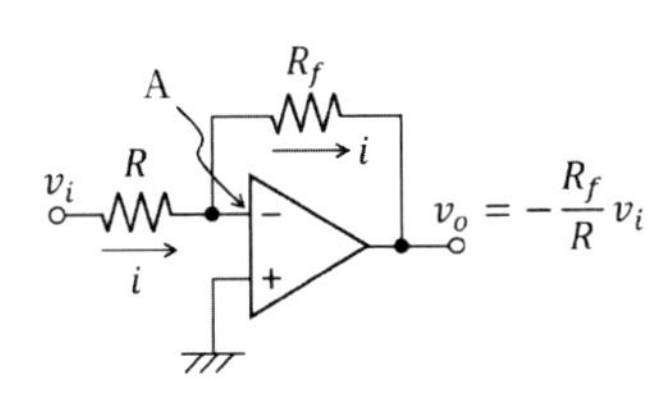

(a) 反転増幅器の電流を使う解法

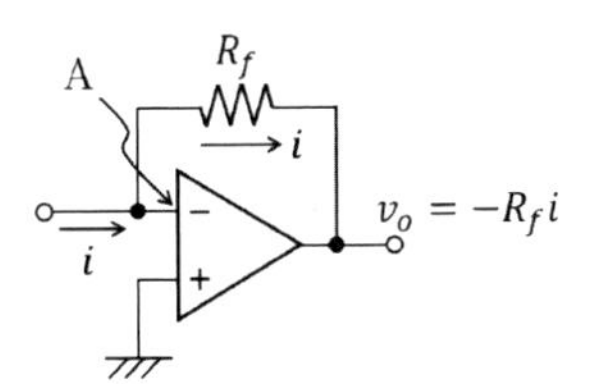

(b) 電流－電圧変換機への応用

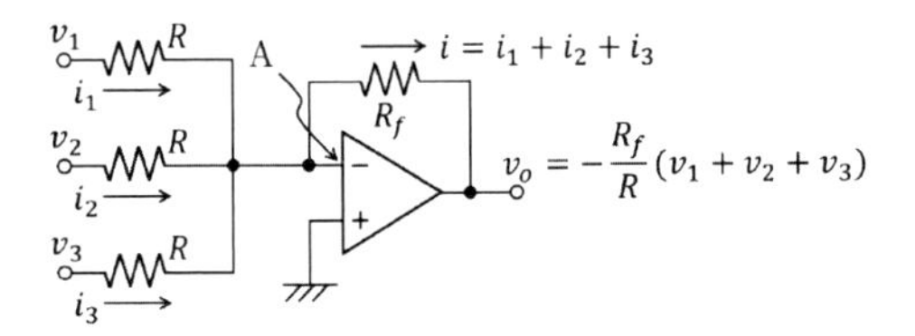

(c) 反転型加算器への応用

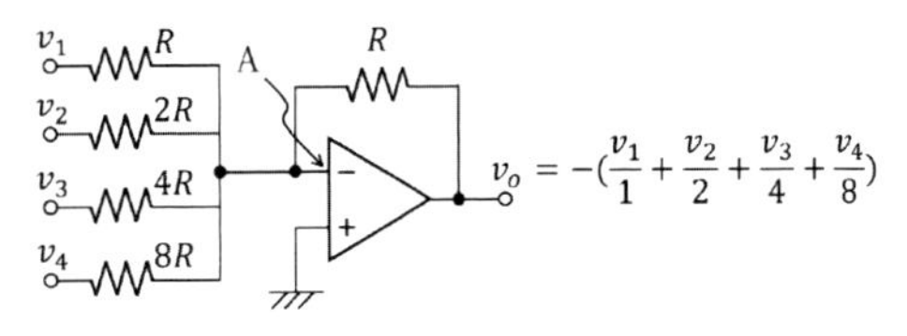

(d) D/A変換器への応用

図 4.10　電流を使う解法とその応用

のような加算器として機能する。これを応用して図 4.10(d) の回路を組むと，

$$v_o = -\left(\frac{v_1}{1} + \frac{v_2}{2} + \frac{v_3}{4} + \frac{v_4}{8}\right) \tag{4.13}$$

が得られる。これは D/A 変換器として使うことができる。

4.2　基本的なオペアンプ回路

オペアンプは汎用に徹した素子であるから，外部回路を工夫することで様々な応用に使える。ここでは基本的な応用回路を説明する。

4.2.1　反転増幅器の応用

図 4.11(a) の反転増幅器の外部要素をインピーダンス Z，Z_f で置き換えると，次式に示す一般的な拡張回路になる。

$$v_o = -\frac{Z_f}{Z} v_i \tag{4.14}$$

この代表的な応用として，積分器と微分器がある。図 4.11(b) の回路では $Z = R$，$Z_f = \left(j\omega C\right)^{-1}$ で置き換えると

$$v_o = -\frac{1}{j\omega CR} v_i \tag{4.15}$$

である。これは**積分器** (integrator) として機能する。一方図 4.11(c) の回路では $Z = \left(j\omega C\right)^{-1}$，$Z_f = R$ で置き換えて

$$v_o = -j\omega CRv_i \tag{4.16}$$

である。これは**微分器** (differentiator) として機能する。

実際には，コンデンサーには微弱な定常電流によりチャージが積算される。したがって，これらの機能回路を実用にするためには，例えばコンデンサーに大きめの抵抗を並列に入れて放電するなどの対策を要する。結果として微分，積分によって近似することになる。

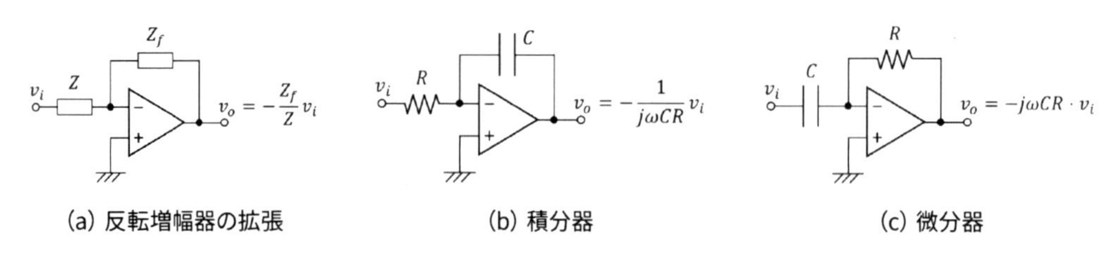

図 4.11　反転増幅器の応用

4.2.2 減算器の応用

図 4.12(a) のように減算器の外部要素をインピーダンス Z_1，Z_2 で置き換えて作る拡張回路の特性は，次式となる。

$$v_o = 2\frac{Z_2}{Z_1 + Z_2}v_2 - v_1 \tag{4.17}$$

この代表的な応用として**移相器** (phase shifter) がある。図 4.12(b) の回路では，$Z_1 = \left(j\omega C\right)^{-1}$，$Z_2 = r$ で置き換えると

$$v_o = 2\frac{r}{\left(j\omega C\right)^{-1} + r}v_i - v_i = \frac{j\omega Cr - 1}{j\omega Cr + 1}v_i \tag{4.18}$$

である。この特性はゲインを変化させることなく，位相をシフトする移相器として機能する。シフト量は可変抵抗 r によって設定できる。

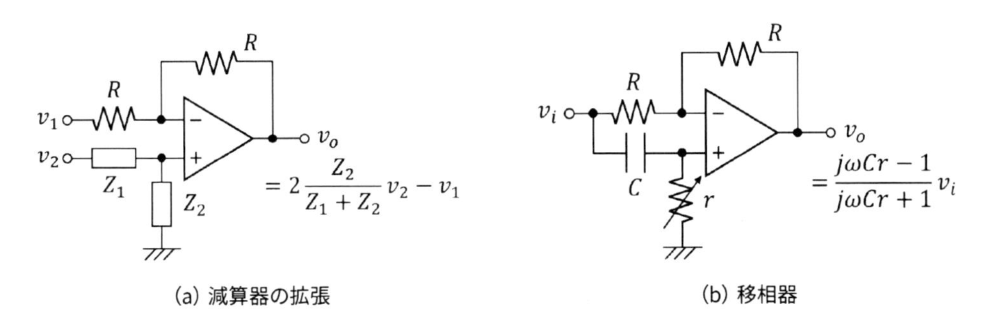

(a) 減算器の拡張　　(b) 移相器

図 4.12　減算器の応用

4.2.3 非反転増幅器の応用

図 4.13(a) のように非反転増幅器の外部要素をインピーダンス Z，Z_f で置き換えると，一般的な拡張回路になる。

$$v_o = \left(1 + \frac{Z_f}{Z}\right)v_i \tag{4.19}$$

この回路を $Z \to \infty$，$Z_f \to 0$ で置き換えると

$$v_o = v_i \tag{4.20}$$

となり，図 4.13(b) の**ボルテージフォロア** (voltage follower) になる。この回路は入力インピーダンスが高く出力インピーダンスが低いので，**バッファアンプ** (buffer amplifier) として頻繁に使用される。

図 4.13(c) の回路では $Z = r$，$Z_f = R$ で置き換えて，v_2 でグランドを浮かしており，

$$v_3 = \left(\frac{R}{r} + 1\right)v_1 - \frac{R}{r}v_2 \tag{4.21}$$

である。これを 2 回路用意して対称に組み合わせた回路が図 4.13(d) の差動増幅器である。この

差動増幅器は

$$v_3 - v_4 = \left(\frac{2R}{r} + 1\right)(v_1 - v_2) \tag{4.22}$$

のような倍率の高い差動増幅をしながら，同相成分については

$$v_3 + v_4 = 1\,(v_1 + v_2) \tag{4.23}$$

のように増幅をしない。この増幅率の比を **CMRR**（Common Mode Rejection Ratio；同相モード除去比）と呼び，

$$\text{CMRR} = \frac{\left(\frac{2R}{r} + 1\right)}{1} = \frac{2R}{r} + 1 \tag{4.24}$$

のように高い同相成分除去ができる。差動増幅器としては，信号成分を高倍率で増幅しながら雑音成分を除去できるので，有用である。

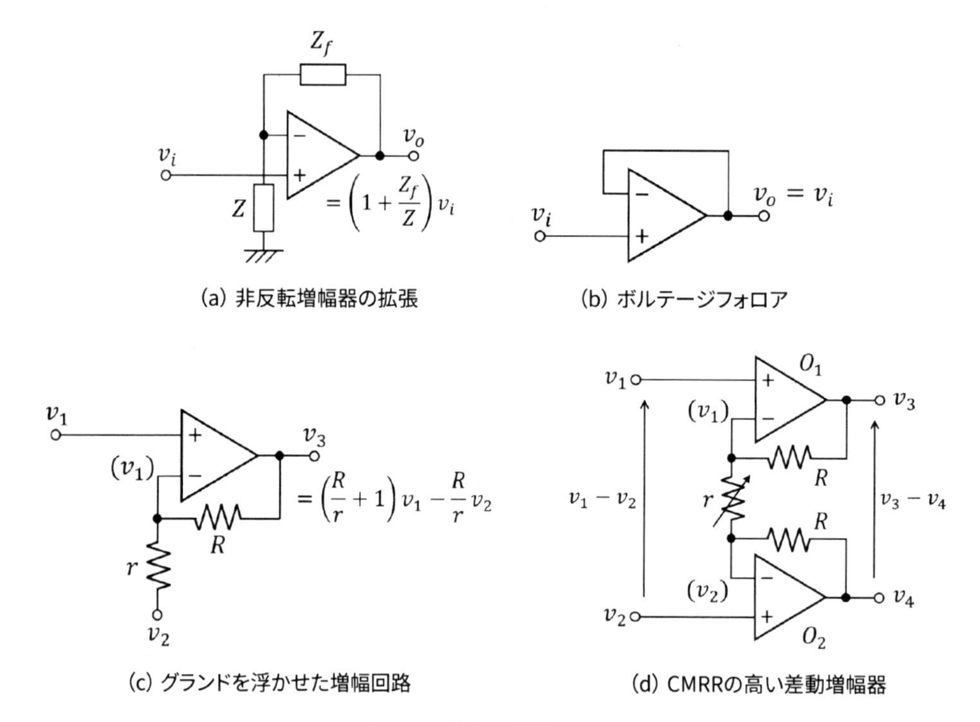

図 4.13　非反転増幅器の応用

4.3　オペアンプの応用回路

本節では，オペアンプの応用回路として，代表的ないくつかの回路構成を説明する。

4.3.1　計測アンプ

図 4.14 は，差動増幅器を前段に置き，後段に減算回路を組み合わせた回路で，**計測アンプ**

(instrumentation amplifier；**計装増幅器**) と呼ばれる。この特性は

$$v_o = \left(\frac{2R}{r} + 1\right)(v_2 - v_1) \tag{4.25}$$

であり，抵抗の選び方で 1000 倍ほどの増幅は容易に実現できる。CMRR が高く，入力インピーダンスも高いので，センサ電圧などを特性よく増幅できる。ゲインは，r を可変にして，これ 1 つで調整できる。

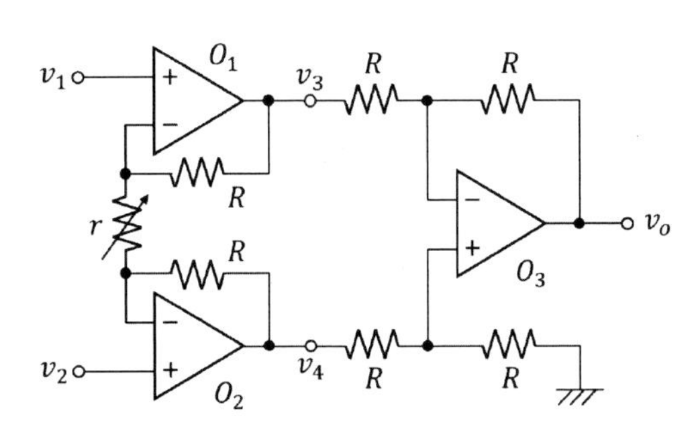

図 4.14　計測アンプ（計装増幅器）

4.3.2　D/A 変換器

図 4.15 では，ラダー抵抗 (ladder divider) を使った D/A 変換器 (Digital to Analog converter) の原理を説明している。このような接続を考えると，R と $2R$ の値の揃っている抵抗のみで設計できる。

図 4.15(a) の回路で，a 点から右を見る抵抗は $2R$ なので，b 点から右を見る回路も $2R$ である。これが順次成り立つので，c 点と d 点から見た抵抗も $2R$ である。したがって d′ 点から右を見る抵抗は R であり，電源から右に流れる電流は $i = e/R$ である。すると d 点では電流が右と下に等分流され，右に流れる電流は $i/2$ である。また，c 点でも等分流されるため右に流れる電流は $i/4$ である。以下，順次 c 点，d 点で同様の分流がある。この結果，下向きに流れる電流は $i/2$，$i/4$，$i/8$，$i/16$ となる。

このため，図 4.15(b) の回路のようにグランドを 2 つ用意して，スイッチを切り替えても下向きの電流は温存される。この図のようにスイッチを $(S_1\ S_2\ S_3\ S_4) = (1010)$ としたとき，グランド G_2 に流れる電流は対応した $I = i/2 + i/8$ である。このグランド G_2 を図 4.15(c) の回路のようにオペアンプの仮想接地点にすると，フィードバック抵抗には I が流れるので，出力は $v = -RI = -e(1/2 + 1/8)$ になる。このようにしてラダー抵抗による D/A 変換器の働きを一般化すると

$$v = -e\left(\frac{S_1}{2^1} + \frac{S_2}{2^2} + \frac{S_3}{2^3} + \frac{S_4}{2^4}\right) \tag{4.26}$$

である。これは S_1 を **MSB**(Most Significant Bit) とする D/A 変換器にほかならない。

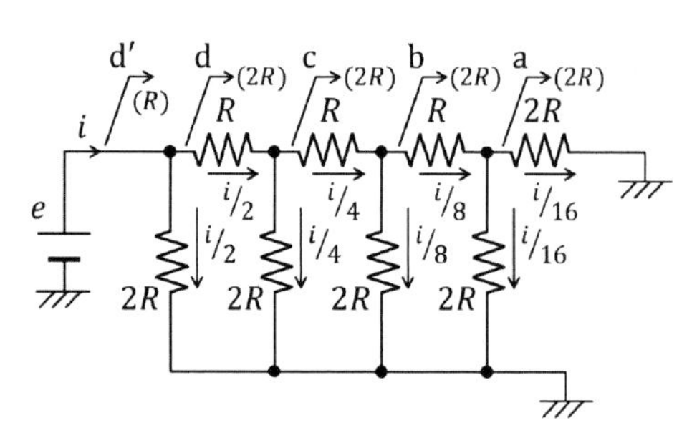

(a) ラダー抵抗による電流の分割

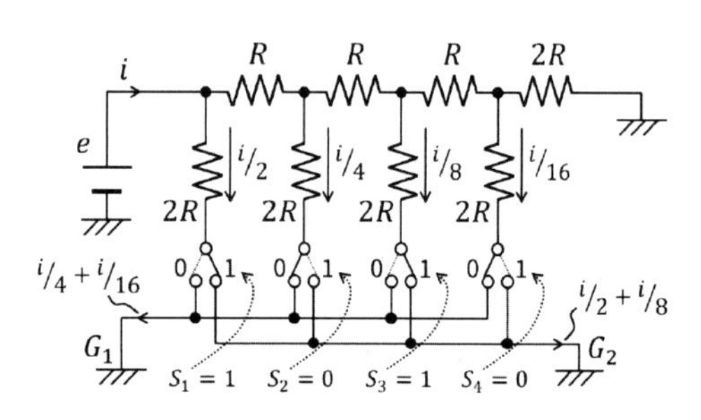

(b) スイッチによる電流の選択可算

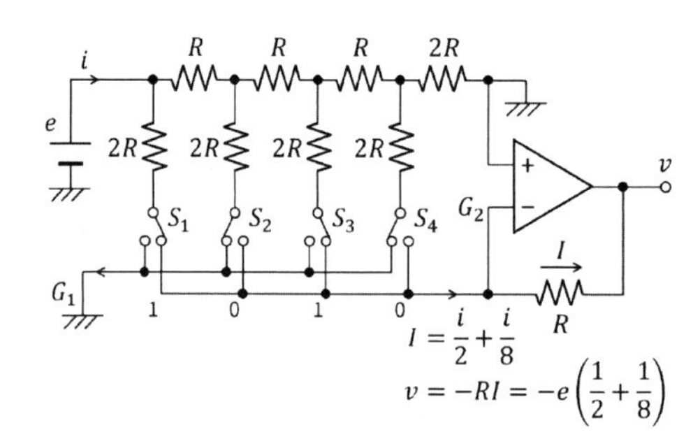

(c) ラダー抵抗によるD/A変換器

図 4.15　D/A 変換器

4.3.3 アクティブフィルター

図 4.16 は 1 次の (first order) フィルターを示している。いずれも反転増幅器の応用構成である。図 4.16(a) は，フィードバック抵抗にコンデンサーを並列に入れることで

$$v_0 = -\frac{R_2}{R_1}\cdot\frac{1}{j\omega CR_2+1}v_i \tag{4.27}$$

の形式で **1 次遅れ系** (first order lag system) を構成する。特性としては **LPF**(Low Pass Filter) である。実用上は R_2 を大きめにして，積分回路として働かせることが多い。

図 4.16(b) は入力抵抗にコンデンサーを直列に入れることで

$$v_0 = -\frac{j\omega CR_2}{j\omega CR_1+1}v_i \tag{4.28}$$

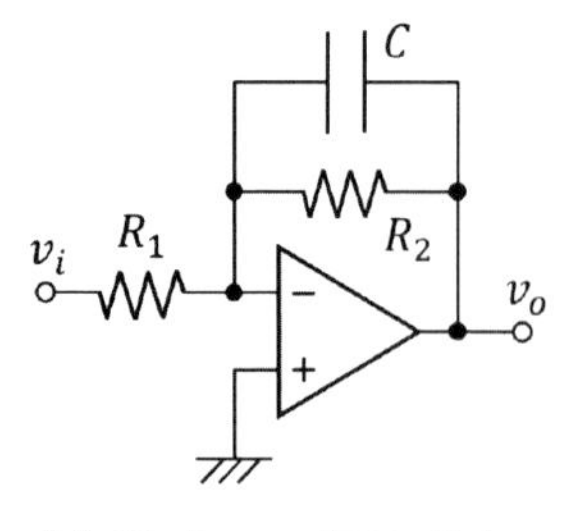

(a) 1次のローパスフィルター

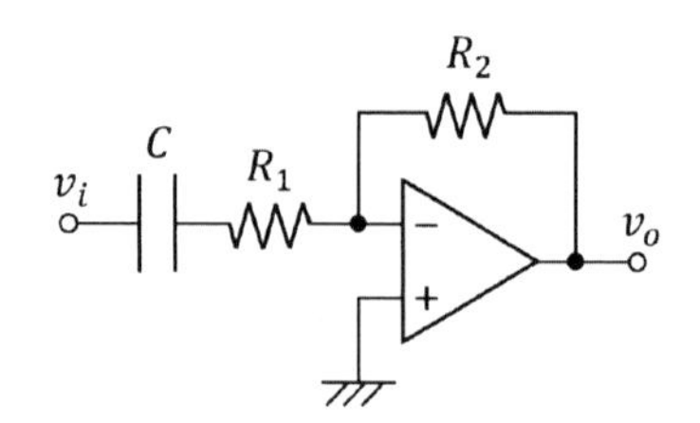

(b) 1次のハイパスフィルター

図 4.16　1 次のフィルター

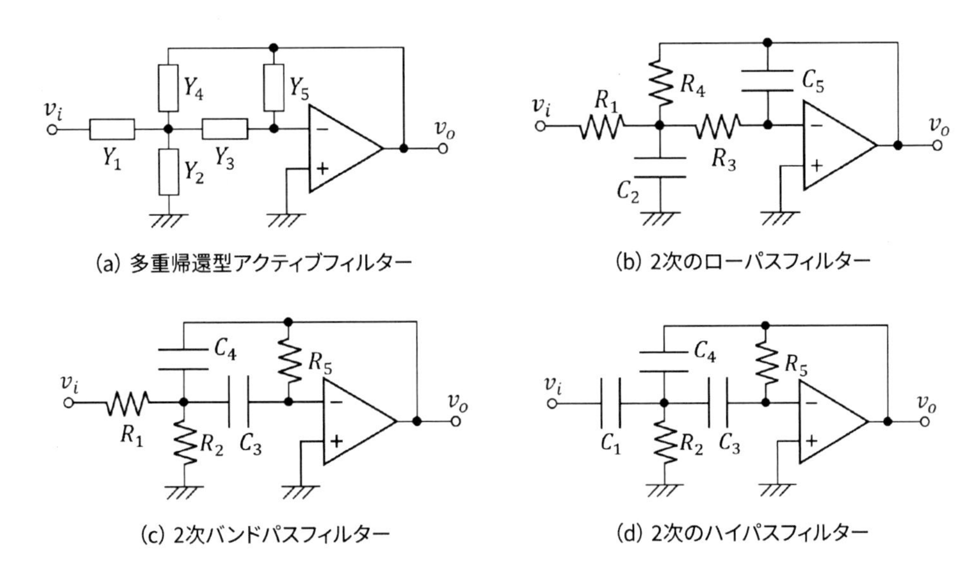

(a) 多重帰還型アクティブフィルター　(b) 2次のローパスフィルター

(c) 2次バンドパスフィルター　(d) 2次のハイパスフィルター

図 4.17　2 次のアクティブフィルター

の特性を持ち，**HPF**(High Pass Filter) の特性を持つ。R_1 を 0 にすると微分器になり，いくらでも高い周波数の信号をも微分するが，雑音によって不安定になりやすい。

図 4.17(a) は**多重帰還型アクティブフィルター** (multiple feedback based active filter) の一般形を示している。図中で Y_n はいずれもアドミッタンスで，入出力特性は

$$v_0 = \frac{-Y_1 Y_3}{Y_5(Y_1 + Y_2 + Y_3 + Y_4) + Y_3 Y_4} v_1 \tag{4.29}$$

である [3]。これを工夫すると RC のみで 2 次の極も 2 次の零点も作ることができるので，アクティブフィルターが構成できる。数式の詳細導出は割愛して，図 4.17(b)~(d) に，2 次のアクティブフィルターを図示した。図 4.17(b) は 2 次のローパスフィルター (LPF)，図 4.17(c) は 2 次のバンドパスフィルター (**BPF**: Band Pass Filter)，図 4.17(d) は 2 次のハイパスフィルター (HPF) である。

多くの教科書では 2 次までのフィルターが限界としているが，回路を工夫すれば図 4.18 に示した 3 次のローパスフィルターなども実現可能である。ただしパラメータが多くなると設計が複雑になることは事実であり，高次のフィルターは 2 次のフィルターをカスケード接続すること

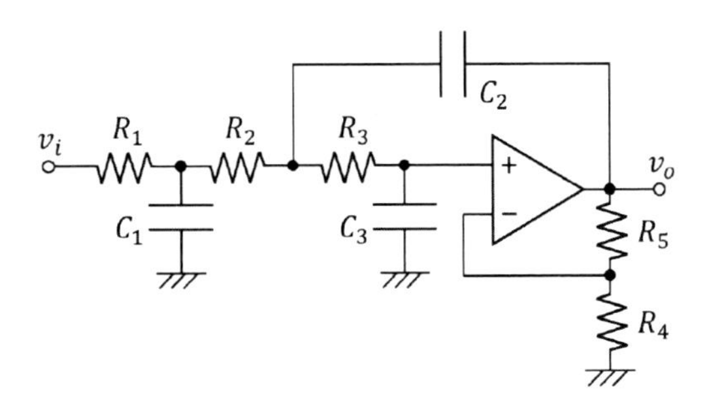

図 4.18　3 次のローパスフィルター

が得策かもしれない。アクティブフィルターには多くの設計法があり，詳しい文献を参照されたい。

4.3.4　ピーク検出器

図4.19は信号のピークを検出する回路を示している。図4.19(a)ではボルテージフォロアに負荷容量を追加しているため，コンデンサーが v_i を記憶して $v_o = v_i$ となる。もし v_i が低い電位に変化すると，オペアンプ出力からコンデンサーに電流を流すことができずに D が遮断する。このとき v_o は変化せずに，オペアンプ出力は負の最大電位になっている。このようにしてピーク電圧が検出され，保持される。

図4.19(b)の回路は，反転アンプを**ユニティゲイン** (unity gain) で使っている。入力が負の電位のとき出力はその符号反転値が保持され，入力電位が上昇すると D は導通できずに v_o は保持される。したがって，この回路は最小電位を符号反転して検出する働きがある。これを応用して図4.19(c)のように拡張すると，初段のコンデンサーが最大ピーク電圧を記憶して，その結果ピークツーピーク検出器となる。

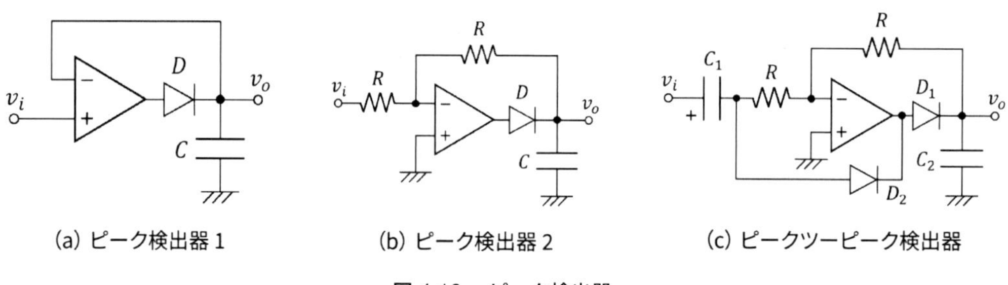

図4.19　ピーク検出器

図4.19(a)の回路のオペアンプとダイオードを拡張すると，図4.20のような最大値選択回路が実現できる。負荷抵抗をコンデンサーに変えると入力信号のピーク検出ができるが，負荷を抵抗としたことで2信号の最大値を検出することになる。

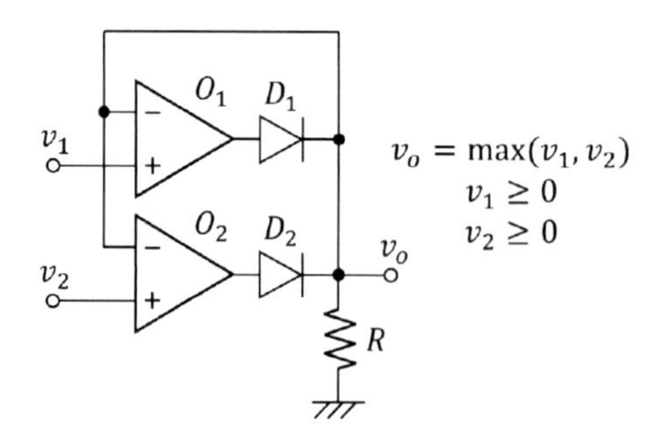

図4.20　最大値選択回路

4.3.5 対数増幅器

図 4.21 はトランジスターのベース－エミッタ特性を利用した対数増幅器である。一般に指数関数および対数関数を作るためには，ダイオードの指数特性かトランスダイオードの指数性能を用いる。**トランスダイオード** (trans-diode) とは，図 4.21(a) のフィードバックにある，ベース接地をしたトランジスターを 2 端子素子として見た回路をいう。ダイオードの基本式 (2.1) に似た特性を持つが，トランスダイオードの動作範囲はダイオードよりも広いといわれている。v_i を正として，もし Q が遮断ならオペアンプ出力は負の大きい値になり，Q は遮断ではいられない。Q が導通のとき，コレクタ電流 I_c とベース－エミッタ電圧 V_{be} との間には次式が成り立つ [4]。

$$I_c = \alpha i_s \left\{ e^{+\frac{q}{\lambda kT} V_{be}} - 1 \right\} \tag{4.30}$$

ここで導通域では上式の－ 1 は無視してよい。また λ は I_c に依存した定数で 1 と置いてよく，α はベース接地電流増幅率で 1 と置いてよい。これを整理すると

$$\frac{v_i}{R} = i_s e^{-\frac{q}{kT} v_o} \tag{4.31}$$

である。両辺の自然対数をとって整えれば

$$v_o = -\frac{kT}{q} \ln\left(\frac{v_i}{R}\right) + \frac{kT}{q} \ln(i_s) \tag{4.32}$$

を得る。これが**対数増幅器** (log amplifier) の特性を与える。同様にして図 4.21(b) の**逆対数増幅器** (anti-log amplifier) では

$$v_o = R i_s e^{-\frac{q}{kT} v_i} \tag{4.33}$$

のような指数関数を与える特性が得られる。

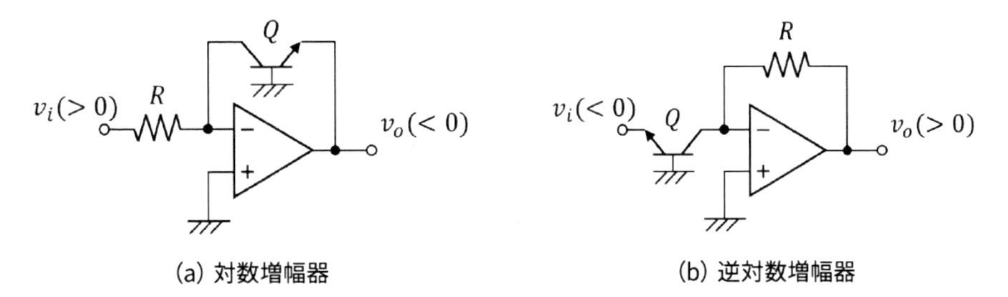

図 4.21　対数増幅器

これらの対数増幅器は，実験室レベルでは実用できるが，製品レベルに使うためには温度の影響や素子のばらつきなどを考慮しなくてはいけない。実用回路は多くの参考書に記載があるので，ここでは割愛する。対数増幅器は，計測工学分野では温度計としての応用がある。

また，対数増幅器は対数および指数関数を実現できるので，これを使ってアナログ信号の**乗算器** (multiplier) が組み立てられる。これは積の対数が対数の和になる関係 ($\log_{10}(ab) = \log_{10}(a) + \log_{10}(b)$) をそのまま回路に組むことで実現できる。具体的には 2 信号それぞれの対数を計算し，それらを加算して逆対数（つまり指数）を計算すると，得られた値は元の 2 信号の積になる。

4.3.6　オペアンプの応用回路

図 4.22 にはいくつかの応用回路を示した。図 4.22(a) の回路で v_1 が負のとき，もし 2 つのダイオードが遮断とすれば v_2 は正の大きな値になり，直ちに D_2 が導通する。すると $v_o/R = -v_1/R$ である。逆に v_1 が正のときは，D_1 が導通し D_2 が遮断するので，D_2 につながれた抵抗 R には電流が流れず $v_o = 0$ である。これをまとめると，次の動作をする。

$$v_o = \begin{cases} -v_1 & (v_1 < 0) \\ 0 & (elsewhere) \end{cases} \tag{4.34}$$

ダイオードは正の電圧が V_T を超えて初めて導通するが，この回路は電圧の正負で働きが切り替わる。この回路を**精密ダイオード回路** (precision diode) という。

図 4.22(b) の回路は，はじめに入力 v_i が低い電位であるとき出力は正の電源電圧 $v_o = V$ に振れていて，非反転入力電位は

$$v_1 = \frac{R_2}{R_1 + R_2} v_r + \frac{R_1}{R_1 + R_2} V \tag{4.35}$$

である。入力電位を徐々に上げてゆくと，この電位を過ぎたときに出力は負の電源電圧 $v_o = -V$ に振れるので，非反転入力電位は

$$v_2 = \frac{R_2}{R_1 + R_2} v_r - \frac{R_1}{R_1 + R_2} V \tag{4.36}$$

に変化する。したがって，入力に多少の雑音増減があっても，出力は変化しない。また，高くなった入力電位が次に下がり始めても，式 (4.36) を下回るまで出力は変化せず，下回ると**閾値**（しきいち）(threshold) は式 (4.35) の値に戻るので，入力信号に重畳した多少の雑音に対してもやはり出力は変化しない。このように，閾値を 2 つもち，ヒステリシス (hysteresis) を持たせた入力回路を，**シュミットトリガー回路** (schmidt trigger input circuit) という。

図 4.22(c) は閾値 v_r が1 つのコンパレータ (comparator) である。通常は，オペアンプの入力端子間が開きすぎないように 2 本のダイオードでクリップして使われる。出力は正負の電源電圧に振れるので，出力をロジックレベルに整えて使われる。

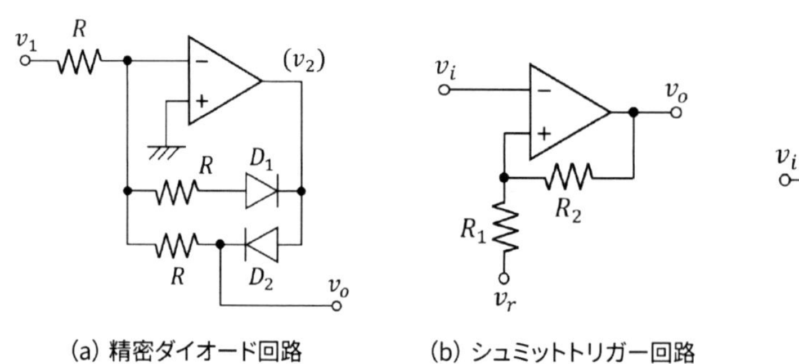

図 4.22　応用回路

4.3.7　インピーダンス変換回路

図 4.23(a) は **NIC**（Negative Impedance Converter；**ネガティブインピーダンス変換回路**）である。これは，入力側から見たインピーダンス Z_1 が接続したインピーダンス Z_2 の負号を変えるように見える回路である。いま入力 v_1 から右に流れる電流を i_1 とすると，$Z_1 = v_1/i_1$ である。オペアンプはネガティブフィードバックがかかっているのでイマジナリーショートの関係が成り立ち，$v_o = v_1$ であり，$R_1 i_1 = v_1 - v_2 = -R_2 i_0$ である。ただし出力側の電流 i_0 は $Z_2 = v_0/i_0$ に流れ込む方向に取っている。以上の式を整理すると

$$Z_1 = \frac{v_1}{i_1} = \frac{v_o}{-\frac{R_2}{R_1} i_o} = -\frac{R_1}{R_2} Z_2 \tag{4.37}$$

である。インピーダンスの負号を反転できることから，負の抵抗などが実現でき，**ローテータ** (rotator; 抵抗をコンデンサーまたはコイルに変換) や**ジャイレータ** (gyrator; コンデンサーをコイルに変換) などに応用できる。

ジャイレータの一例を図 4.23(b) に示した。2 つのオペアンプが NIC である。入力端から見るインピーダンスを Z_{in} は

$$Z_{\text{in}} = \frac{v_1}{i_1} = \frac{v_1}{i_2 + i_3} \tag{4.38}$$

ただし

$$i_2 = \frac{v_1 - v_2}{R} \tag{4.39}$$

である。また O_1 は 2 倍の非反転増幅器を構成しているので

$$i_3 = \frac{v_1 - 2v_1}{R} = -\frac{v_1}{R} \tag{4.40}$$

である。上の 2 式より

$$i_2 + i_3 = -\frac{v_2}{R} \tag{4.41}$$

である。一方

$$i_4 = \frac{0 - v_2}{R} = -\frac{v_2}{\frac{1}{j\omega C}} + \frac{v_2 - v_3}{R} \tag{4.42}$$

また

$$i_2 = \frac{v_1 - v_2}{R} = \frac{v_2 - v_3}{R} \tag{4.43}$$

である。上の 2 式を整理すると

$$v_2 = -\frac{v_1}{j\omega CR} \tag{4.44}$$

である。この式を式 (4.41) に代入して

$$i_2 + i_3 = \frac{v_1}{j\omega CR^2} \tag{4.45}$$

これを式 (4.38) に代入すると

$$Z_{in} = j\omega CR^2 \tag{4.46}$$

である。よって，コンデンサー C を使って $Z_{in} = j\omega L$（ただし $L = CR^2$）となるようなコイルが実現できる。一般にコイルは大きな部品になるため，コンデンサーで置き換えられると，実装上も利益が多い。

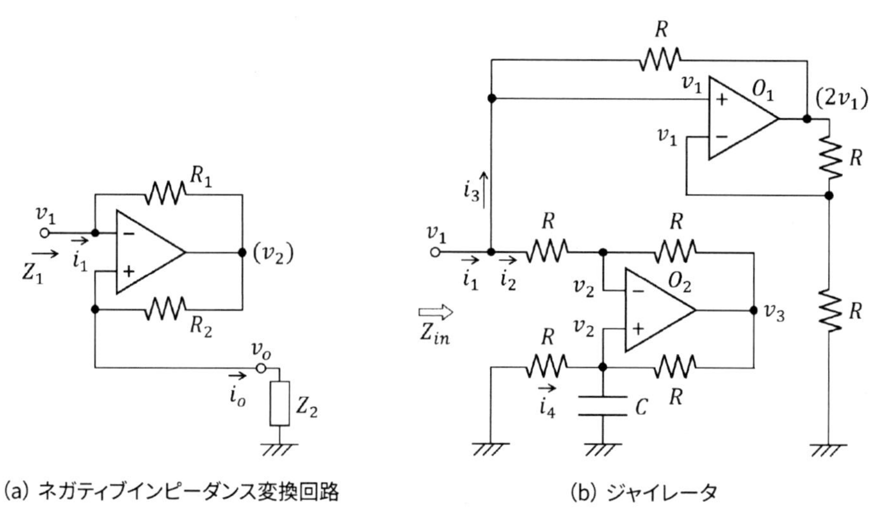

(a) ネガティブインピーダンス変換回路　　(b) ジャイレータ

図 4.23　インピーダンス変換器

4.3.8 ブートストラップ

図 4.24(a) は非反転増幅回路による 2 倍増幅器である。実際には図 4.24(b) のように外部電源が接続されている。各々の電源ピンには，パスコンとして大きな電圧変動を抑えるために値の大きい電解コンデンサーと，スパイク性の変動を抑える高周波対応のセラミックコンデンサーがグランドに対して並列に接続される。**パスコンはバイパスコンデンサー** (bypass capacitor) の略称で，電源変動を抑える，電源雑音を IC から出さない，外部雑音を IC に入れない，IC に必要な電力を供給する，などの役割を持つ。

電圧変動が大きいとき（例えば ±10 V 振幅信号に特化して特性の良いオペアンプを使い，±50 V の信号を扱うとき）には，電源そのものを吊り上げる，または吊り下げる工夫をすることがある。これを**ブートストラップ** (boot strap) と呼ぶ。もともとブートストラップとは，ぬかるみを歩くときに靴ひも (boot strap) を手で引き上げて足を上げる力を補うという意味である。ここから転じて，エンジニアリングではコンピュータ電源投入時にシステムソフトを ROM プログラム（ブートローダー）で読み込むことや，負荷の重い電気回路でポジティブフィードバックを使い電圧を引き上げること，またここでの例のように電源自体を引き上げるなどの意味に使われる。図 4.24(c) の回路では，O_1 の電源自体を出力信号に追随して O_2 と O_3 で上下させてブートしている。図 4.24(d) では，より出力に忠実にブートストラップされた動作をする倍圧回路が構成されている。

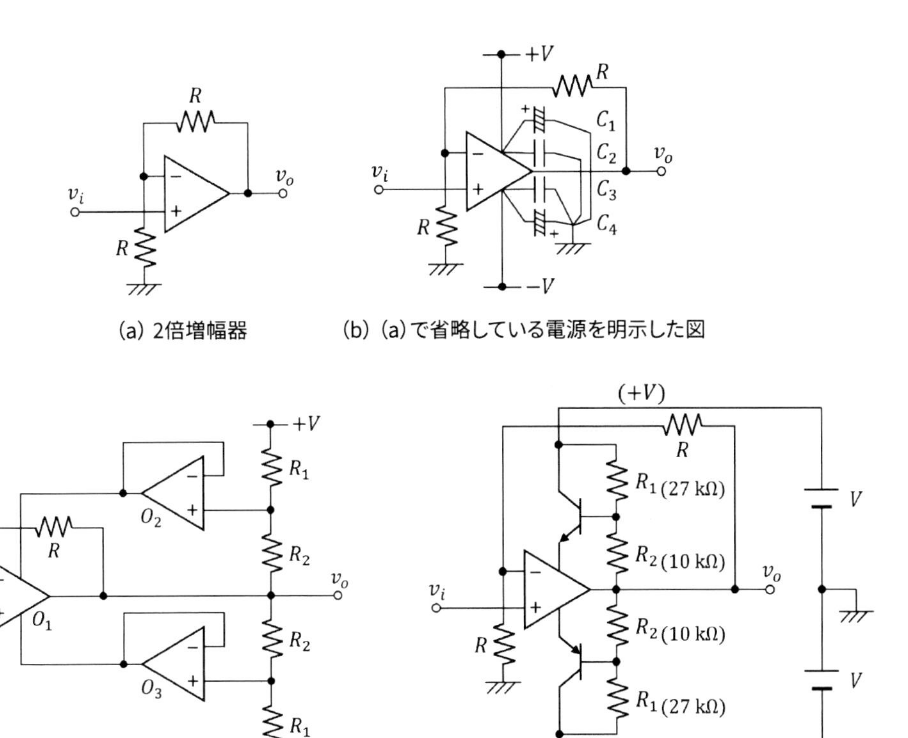

図 4.24　ブートストラップ回路の設計

4.3.9　ブースター

図 4.25(a) は非反転増幅回路による 2 倍増幅器である。多くの汎用オペアンプでは出力電流は数十 mA であるから，用途によっては出力電流を増加させて，出力電力を増強する必要がある。このように電流増強によって電力を増加させる回路を，**ブースター** (booster) と呼ぶ。

実際のブースターは，エミッタフォロアを使うか，その応用として図 4.25(b) のようにパワートランジスターを追加して構成する。この回路ではコレクタ接地された Q_1 と Q_2 が相補的にプッシュプル動作をしていて，それぞれベース－エミッタの遷移電圧 V_T を補償するためにダイオード D_1，D_2 を追加する構成となっている。ダイオードによりクロスオーバー歪が消され，2 つのトランジスターが出力に電流を吐き出す動作と吸い込む動作を行う。オペアンプにフィードバックをかける点は一番外側の出力 v_o である。プッシュプルでは無信号出力時でも電源間に電流を流しているので，消費電力は小さくない。

図 4.25(b) のようなプッシュプルを増強する回路が，図 4.25(c) のハイパワー出力回路である。Q_3 と Q_4 はダーリントン接続をしていて電流増幅率を高め，Q_4 と Q_5 はパラレル接続をしていて出力電流の上限を 2 倍にする。これらが相補的に構成された Q_8，Q_9，Q_{10} とペアになって動作するプッシュプル構成である。遷移電圧補償は $2V_T$ の分だけ必要であり，これらは Q_1，Q_2 および Q_3，Q_4 で補償している。Q_1 から Q_5 ならびに Q_6 から Q_{10} はそれぞれに特性を揃えておく必要があり，互いに熱的にカップリングして放熱装置に取り付けられる。オペアンプへの

フィードバックは一番外側の v_o 端子からとり，オペアンプの出力に外付けした電力ブースターを構成している。

このような回路ではグランド帰還電流が大きいため，グランドラインは特に太く配線し，またグランドラインによる電圧降下を最小にするために **1 点アース** (one point ground) が使われる。1 点アースとは，負荷のグランド端子，電源の基準端子，オペアンプの分圧抵抗のグランド足を 1 点でつなぐ方法で，低周波寄りの特性を大電流，または高精密に実現したいときに有用である。それに対して高周波信号には，グランドを平面に配したベタグランド（あるいは多層基板で内層にグランドを敷き詰める）方法が効果的である。

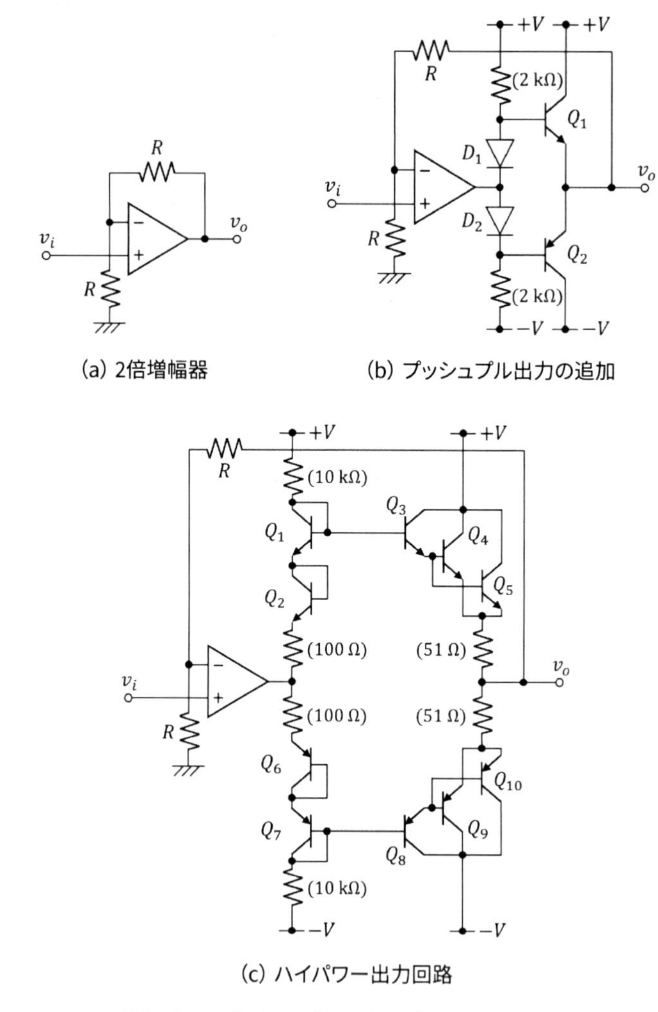

(a) 2倍増幅器　(b) プッシュプル出力の追加

(c) ハイパワー出力回路

図 4.25　プッシュプルによるブースターの設計

4.3.10　入出力の保護

図 4.26(a) は基本的なボルテージフォロアであるが，この入力にオーディオ信号など 100 mV オーダーの入力が入る回路では，±0.7 V でダイオードスライスする図 4.26(b) のような入力信

号保護をすることが多い。もちろんインピーダンス整合のために，抵抗 R_1 の外側に想定されるインピーダンスと同程度の終端抵抗を追加することがある。なお，電源電圧が明確なら，それより絶対値の大きな信号をクリップする図 4.26(c) の回路構成が一般的である。

一方，出力の保護としては，図 4.26(d) のようにオペアンプ出力から 100 Ω 程度の保護抵抗を介して外部短絡から守る方法がとられる。もちろん出力インピーダンス整合のために，出力終端を 75 Ω ないし 50 Ω としてもよい。また，外部から想定外の大きな電圧が加わることも想定して，ダイオードによるスライス回路を加える。この回路図での C は，出力端子の外側に容量性負荷が短絡的につながれているときに作用する。

入出力の保護のためには，このほかにサージ（雷等による過渡電圧）防止のための特殊ダイオードやバリスタが使われることがある。また雑音対策としてのフォトカプラなども使われることがある。

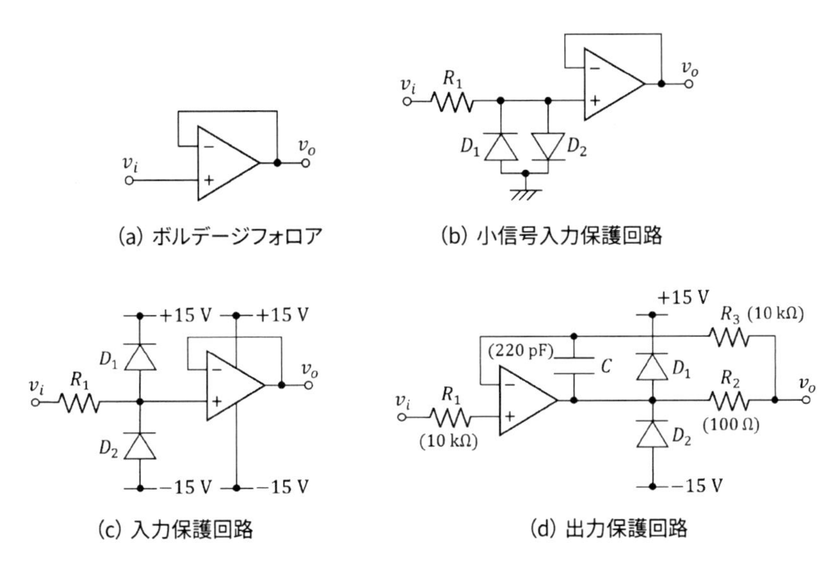

図 4.26　入出力保護回路

4.4　演習課題と考察

Q 4.1　ネガティブフィードバックを使って設計するオペアンプ回路では，どのような性質が成立するか。

Q 4.2　ポジティブフィードバックを使ってオペアンプの回路を設計する目的は何か。

Q 4.3　オペアンプの歴史を調べよ。

Q 4.4　サンプルホールド回路を調べ，動作を考察せよ。

Q 4.5　ウィーンブリッジ発振回路を調べ，動作を考察せよ。

Q4.6　図 4.27 の回路動作を求めよ。

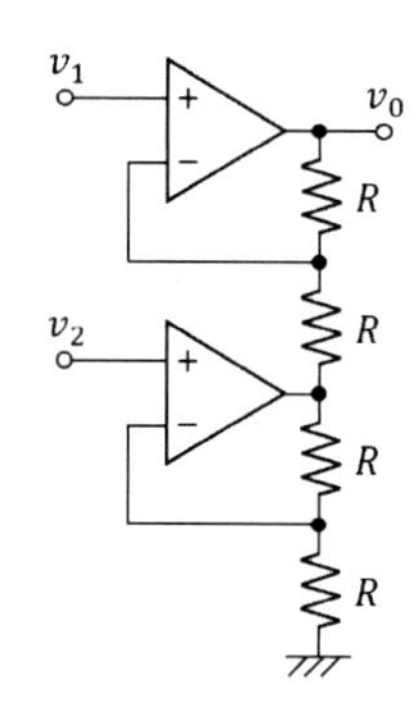

図 4.27　高入力インピーダンス差動アンプ 1

Q 4.7　図 4.28 の回路動作を求めよ。

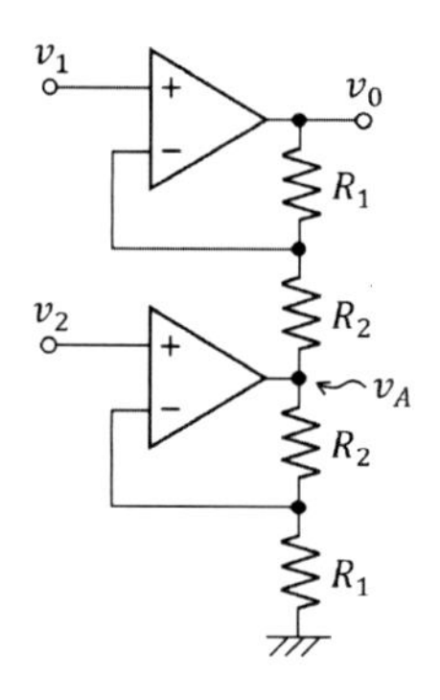

図 4.28　高入力インピーダンス差動アンプ 2

Q 4.8　図 4.29(a) の回路は高周波交流結合を示している。図 4.29(b) との違いを説明せよ。

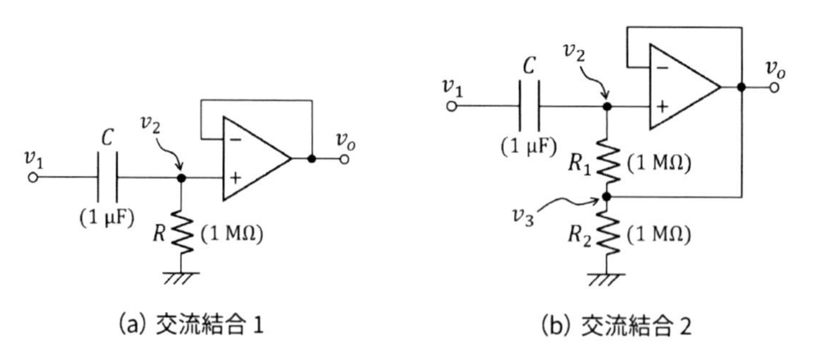

図 4.29　高周波での交流結合

Q 4.9　図 4.30 の疑似コンデンサー回路を解析せよ。

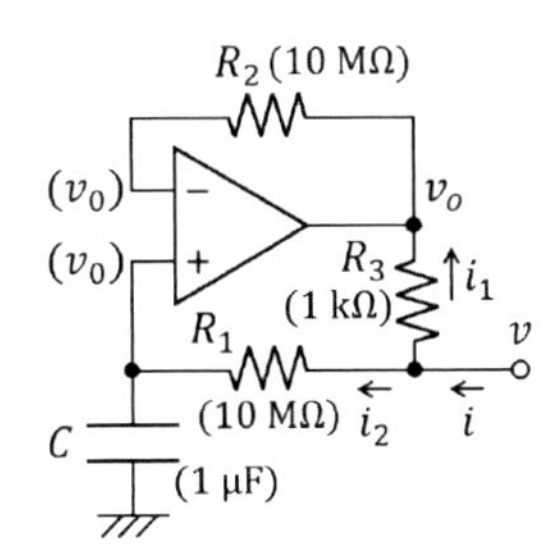

図 4.30　疑似コンデンサー回路

Q 4.10　アナログテスターを使って 10 mV レンジの測定をしたい。しかし入力インピーダンスを高くしたいので，アンプを追加したい。どのように設計するか。

Q 4.11　非反転増幅器を使う際の利点と欠点をまとめよ。

Q 4.12　A/D 変換器の種類と仕組みを述べよ。

Q 4.13　入力信号を 3 分の 1 の振幅にする非反転回路を設計せよ。ただし入力インピーダンスは極めて高く，出力インピーダンスは十分に低い回路とする。オペアンプ，トランジスター，ダイオードは自由に使ってよく，抵抗は 1.0 kΩ，2.2 kΩ，4.7 kΩ の値のものを何本でも使える。コイルと大容量のコンデンサーは使わない。この制約で，部品数が最も少ない回路を正解とする。

第5章

応用回路

本章では，ここまで学んだ電子回路設計の応用として，いくつかのIC内部回路を学んでゆく。これらの回路は汎用素子として時代とともに長く使われ，その中には設計のプロがが注ぎ込んだアイディアが満載されている。そのような例としてTTL論理回路とオペアンプを取り上げる。さらに安定化電源の考え方を見て，回路の組み合わせ，設計を学んでゆく。

5.1　TTL 論理ゲート回路

読者は論理回路設計を既に習得している前提で，ここではゲート回路などの回路の内部を見てゆく。汎用ロジック IC は，民生用 (consumer) の 7400 シリーズがリリースされた時期には，温度保証範囲の広い軍事用 (military) の 5400 シリーズも既にリリースされていた。その後，ショットキー技術で高速化した 74S00 シリーズ，そのローパワー版としての 74LS00 シリーズ，フェアチャイルド社が S シリーズを改良した 74F00 シリーズが発売され，進化した。

それと並行して，CMOS 技術を投入したハイスピード CMOS 版である 74HC00 シリーズや，フェアチャイルド社が改良を加えたアドバンスド CMOS 版である 74AC00 シリーズが開発された。なお，CMOS を使う目的は，低電力，低消費電力である。近年ではさらに進んだデバイスが流通し，同時にプログラムできる論理 LSI の発達が目覚ましい。

汎用ロジック IC の事実上の標準（**デファクトスタンダード**：de facto standard）は，テキサスインスツルメンツ社の 7400 シリーズと，RCA 社の CMOS 4000 シリーズである。このバイポーラトランジスターを応用した 7400 シリーズを学ぶことは，特にプロの設計を学ぶことにつながる。

7400 シリーズには，下の 00 の部分を変えた様々なゲートやフリップフロップ，機能回路のバリエーションがある。本節では NAND 回路の入った 7400 の内部回路から見てゆくことにする。なお，本書では高電位側の論理を H，低電位側の論理を L と表し，特に断りなければ正論理で考えるので，それぞれ論理 1，論理 0 に対応させる。

5.1.1　TTL の NAND 回路

図 5.1 に，TTL 基本論理回路を示した。**TTL**(Transistor-Transistor Logic) とは，既に理解した **DTL**(Diode Transistor Logic) の前段部分をトランジスターに置き換えて構成した回路である。また，ここで説明する NAND とは，論理積 AND の後に否定 NOT が加わった機能を指している。

図 5.1(a) の NAND 回路で，入力 A，B はダイオード D_1，D_2 によって負の電位にならないようクリップされている。Q_1 は**マルチエミッタトランジスター** (multi-emitter transistor) と呼ばれ，シリコン上でエミッタを複数作って容易に実現できる。

はじめに，A または B のいずれかまたは両者が L レベルになると，Q_1 は導通する。L レベルの端子は左向きに電流を吸い込むので，Q_1 のコレクタは C 点を経由して Q_2，Q_3 を遮断し，それらトランジスターに残留している正電荷を速やかに Q_1 のエミッタ側に吸い取る。この動作は高速になされ，さらに Q_2，Q_3 を確実に遮断するので，Y 点は 5 V から R_2，Q_4，D_3 を経由して，約 $5\ \mathrm{V} - 2V_T = 3.6\ \mathrm{V}$ よりわずかに低い電位になる。なおかつ Y に重い負荷がグランド側に追加されても，R_4，Q_4，D_3 を経由するラインでいくらでも必要なだけ外に吐き出す向きに電流を供給できるので，Y は確実に H レベルに固定される。Q_4 は導通であるが，ほとんどの負荷に対してノーマルモードで動作しているといってよい。この場合には Q_2 をスイッチに見立てると，スイッチはオフである。

次に A と B の両者が H レベルになると，Q_1 は R_1 から C 点へ pn 接合を介するダイオード様の動作になり，Q_1 はリバースモードで働く。電流は R_1 から C 点を右向きに流れ，これが

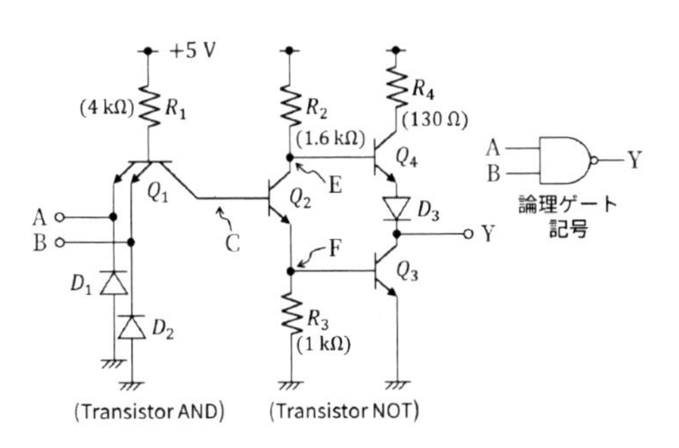

(a) TTL NAND回路（7400）

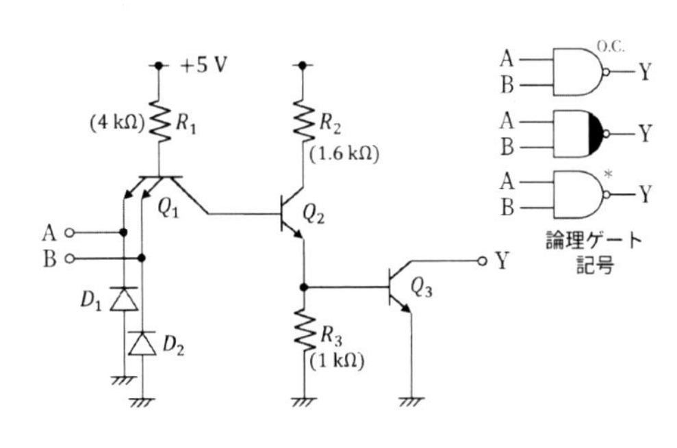

(b) TTL NANDオープンコレクタ回路（7403）

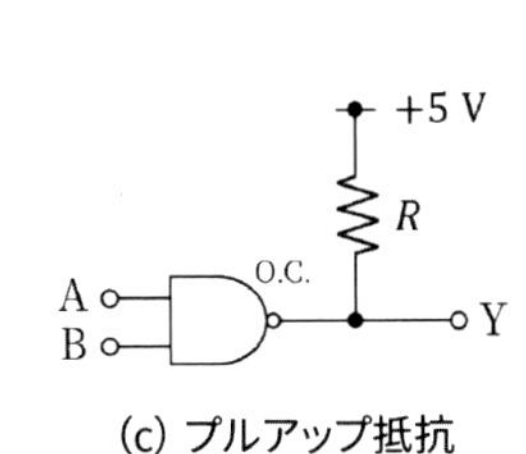

(c) プルアップ抵抗

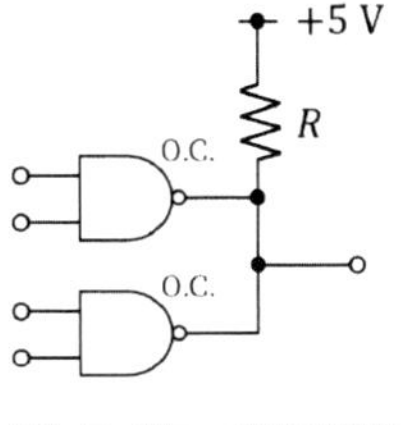

(d) ワイアードOR接続

図 5.1　TTL 基本回路

Q_2，Q_3 を導通させる。Q_3 が導通したことにより Y は約 0.3 V 程度まで下がって L レベルになり，Y 端子には右から左に吸い込む向きに電流が流れる。一方，Q_3 が導通したことで F 点は 0.7 V，Q_2 が導通したことでコレクタ－エミッタ間が約 0.3 V になることを考慮すれば，E 点は約 1.0 V になる。したがって Y 端子に対し E 点は 0.7 V 高いことになり，Q_4 から D_3 を通じるラインに 1.4 V 以上の電位差は生じさせえないため，Q_4 は遮断する。一見無駄に見える D_3 は，この動作を確実にするためのレベルシフトダイオードである。以上のようにして，Y 端子は L レベルになって電流を吸い込む動作をする。こちらの状況は Q_2 をスイッチに見立てると，スイッチはオンである。

以上の動作によって，この回路は NAND 論理回路として働く。Q_3 に対してコレクタ側の R_4，Q_4，D_3 はアクティブ負荷と呼ばれる。また，この回路を出力側から眺めると Q_4，D_3，Q_3 がトーテムポールの顔のように積み重なっているので，Y の出力を**トーテムポール出力** (totem-pole output circuit) と呼ぶ。この全体の回路は前段のトランジスターで AND 論理を実現し，後段でトランジスターによる NOT 論理を形作っているので，TTL（トランジスター・トランジスター・ロジック）と呼ばれる。

図 5.1(b) の回路は図 5.1(a) のアクティブ負荷を取り外した回路で，Q_3 のコレクタがそのまま出力 Y に配線されているため，**オープンコレクタ出力** (O.C.; Open collector) と呼ぶ。論理ゲート記号は，図に示したように，O.C. と書くか出力を塗りつぶすか，アスタリスク記号を付けて表現される。この回路の出力は電流を吸い込むとき L，吸い込まないとき H であるが，出力端子をテスター等で測っても電圧値としては反応しない。もし出力電位を確定したければ，図 5.1(c) 図のようにプルアップ抵抗 R を電源側に向けて追加する必要がある。ただし，R の決定は厄介である。値を小さくすると電源電流を消費するし，値を大きくすると負荷容量によって時

定数が長くなり，高速動作ができなくなるからである。しかしオープンコレクタは電流吸い込みの効果により，直接に LED を点灯させたり，リレーを駆動できたりするので便利である。また，それに増して，図 5.1(d) の図に示すように出力同士を複数接続できる利点がある。複数のうち１つ以上のゲートが電流を吸い込むと，全体としてＬレベルを取るため，この回路は負論理の OR 演算をしていることになる。この働きを**ワイアード OR**(wired OR) と呼ぶ。これを応用すると，コンピュータの CPU 割り込み線に多数のボードを抜き差ししても問題が生じない回路を構成できる。

5.1.2　TTL の AND と NOR 回路

NAND 回路を拡張する回路例を図 5.2 に示した。図 5.2(a) の回路は，NAND の中段に Q_5，Q_6 からなる NOT 回路を追加して AND 回路を実現している例である。まず A，B いずれかまたは両方がＬのとき，C 点を介して電流を左に流す動作により直ちに残留電荷を吸い取り，確実に Q_5，Q_6 を遮断する。すると R_5，D_4 を介して G 点を右に流れる電流により，直ちに Q_2，Q_3 を導通させる。C 点はＬ，G 点はＨ電位なので，NOT の動作をしている。次に A，B 両者がＨのとき，Q_1 はリバースモードで働き，C 点はＨで直ちに Q_5，Q_6 を導通して G 点をＬレベルにし，Q_2，Q_3 を遮断する。このように中段に挿入された NOT 機能により，全体として AND の動作が実現する。

図 5.2(b) の回路では，中段に OR の仕組みを追加している。NAND ゲートでは，Q_2 がスイッチの役割をしているのであった。こちらの回路では Q_2 に並列に Q_2' が挿入されているため，入力 A，B いずれかがＨのとき，Q_2，Q_2' のいずれかが導通するためにスイッチがオンになり，最終段のトーテムポール出力部分の Q_3 が導通するので，全体として NOR の動作をする。なお，ここで説明した NOR とは，論理和 OR がさらに否定 (NOT) された機能を指している。

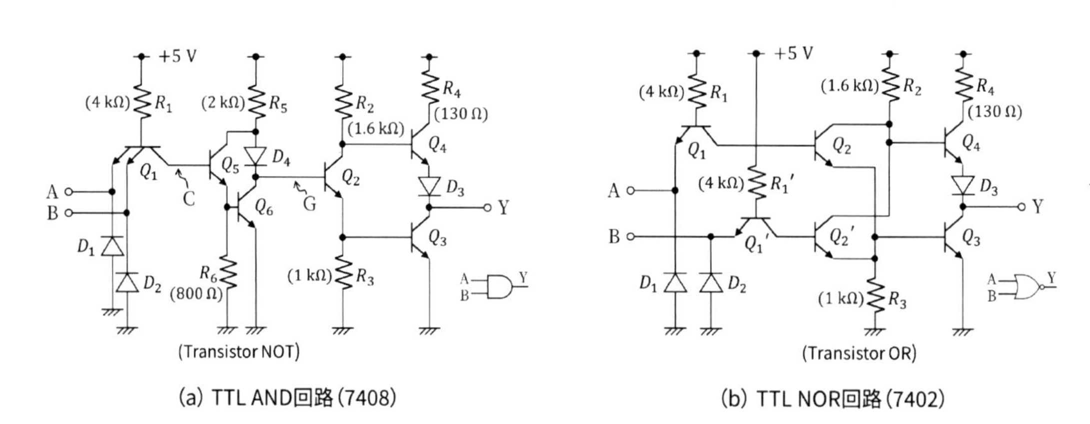

図 5.2　TTL 論理の拡張手法

5.1.3　TTL の入出力

ここでは論理入出力の回路としての扱いについて述べる。

(1) 論理回路接続

図 5.3 は，論理回路接続について説明するための図である。図 5.3(a) には，3 種類の出力回路を回路図上で区別する書き方を示している。1) はトーテムポール出力で，これはアクティブ負荷によって高速に出力を得るための回路であり，基本的にプッシュプル構成をしている。2) はオープンコレクタ出力で，これによると外部回路の付加によりワイアード OR が実現できる。3) はトライステートバッファで，この出力は，コントロール C が H レベルのときに Y には A が素通しされ，H または L となる。しかしコントロール C が L レベルのときは Y 出力がハイインピーダンスになるため，全く何もつなげていないような状況を作る。これが応用面では好都合であることが多々ある。

図 5.3(b) は，出力端子の接続を示している。1) はトーテムポール出力同士の接続だが，これはやってはならない。トーテムポール出力はプッシュプル方式であるから，一方のゲートが H を出力してもう一方が L を出力すると，双方のゲートが自分の出力電位になるまで電流を流そうとして譲らない。その結果，双方のゲートは出力限界の働きをすることになる。オシロスコープ等で出力電位を観察すると，2 V 前後になっているので直ちに発見できるが，それを知らずにこの状況を放置すると，いずれか弱い方の出力トランジスターが発熱して故障する。これはインピーダンスの低い出力同士の接続で起こる現象である。同様に出力端をグランドや電源につなぐことも禁止である。

2) はオープンコレクタ同士の接続で，プルアップ抵抗によりワイアード OR を構成できるので，積極的に使用してよい。3) はトライステートバッファ同士の出力端子の接続である。トライステートバッファは，出力を高インピーダンスにできるコントロール端子が使えるため，接続した点に唯一のゲートから H または L を出力してほかのゲートが高インピーダンスになっていれば，全く問題は生じない。例えるなら，会議の席で議長に指名された 1 名のみが話しているよ

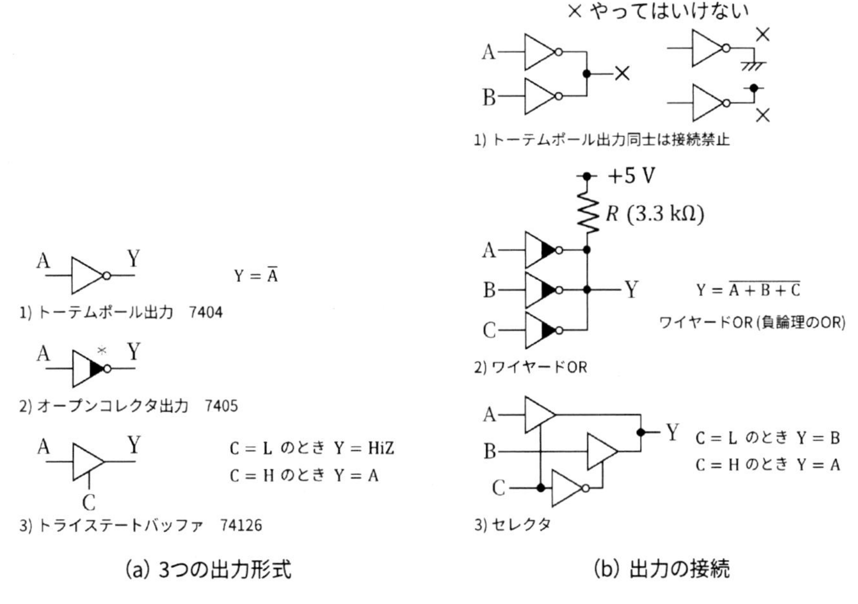

(a) 3つの出力形式　　(b) 出力の接続

図 5.3　論理出力の接続

うなもので，コンピュータのデータバスに，あるタイミングでそのときに選択されたデバイスのみがデータを乗せるといった使い方がなされている。バスラインをタイムシェアして利用すれば，複数のデータ線を用意しなくてもよく，好都合である。

(2) トライステートバッファの応用

図 5.4 には，トライステートバッファの応用を示した。論理回路表記では小さな丸は負論理を表す。図 5.4(a) はバッファを左右の向きに組み合わせ，コントロール C を一方には正論理で，他方には負論理で与えている状態を示しており，この回路は双方向バッファ (bi-directional buffer) あるいはバストランシーバ (bus transceiver) と呼ばれる。この回路構成によれば，コントロール C が H レベルのときデータは A から B へ右方向に送れ，L レベルのときはその逆の左方向に送れるので，便利である。この仕組みは，RAM や周辺機器が CPU へデータを送ったり，逆に受け取ったりする際に使うことができる。

図 5.4(b) は**トランスペアレントラッチ** (transparent latch) への応用を示している。ラッチ (latch) とはあるタイミングのデータをそのまま保持する機能で，トランスペアレントとは，ガラスのように透明な窓越しに見えるという意味である。回路を見ると，**イネーブル信号** (enable signal)E が H のとき，ゲート G_1 と G_2 の出力が有効になるので，D のデータは Q に筒抜けになる。これがトランスペアレントの状態で，その際，G_3 は出力が高インピーダンスで無効になっている。次にイネーブル信号 E が L になると G_1 が無効になり，G_2 と G_3 が互いにデータを共有して，そのデータは G_2 が直前に出力していたデータということになる。これがデータをラッチして保持した状況である。

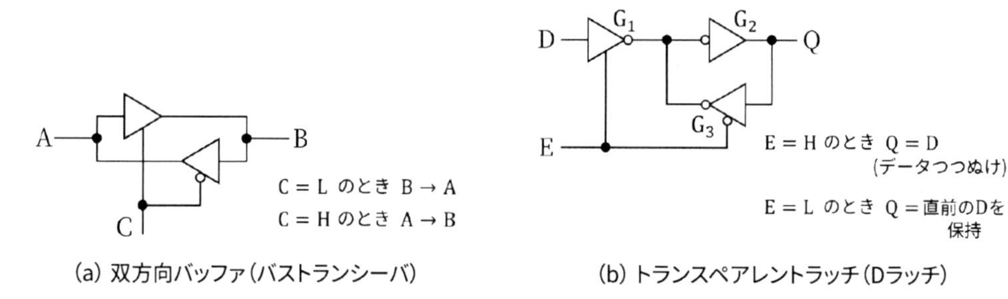

(a) 双方向バッファ（バストランシーバ）　(b) トランスペアレントラッチ（Dラッチ）

図 5.4　トライステートバッファの応用

(3) 論理入力端子

図 5.5 には，2 種類の入力の端子の別を示した。図 5.5(a) は TTL 入力であり，信号の立ち上がりも立ち下がりも，1.4 V を閾値として認識する。同様に CMOS ゲート入力であれば，閾値は 2.5 V 前後である。この手の通常入力端子は，閾値が動的に変化することはない。

図 5.5(b) は**シュミットトリガー入力** (schmidt trigger input) である。これは信号に微弱な雑音が重畳した場合に，通常入力では**閾値** (threshold) 付近で無用な**チャタリング** (chattering) を起こし，回路を誤動作させる。しかし，シュミットトリガー入力を用いるとこれが改善できる。TTL レベルの場合，L から H へと電位が上がるとまず 0.9 V を超え，その付近で信号が

何往復しても入力としてはLのままであり，ゲート内部の閾値は1.7 Vに変化している。したがって，0.9 Vを超え，なおかつ1.7 Vを超えたときに初めて信号がLからHへと遷移したと認識される。信号の立ち下がりも同様である。はじめに信号が高電位から下がり始め，1.7 Vを切るとゲート内部の閾値は0.9 Vに変化している。ただし，1.7 V付近で何往復していたとしても，次に0.9 Vを下回らなければ，信号がHからLへと変化したとは認識されない。このようなゲート入力法はコンピュータのデータラインなどに乗った雑音の影響を消すことができるので，**バスバッファ** (bus buffer) に利用されることが多い。

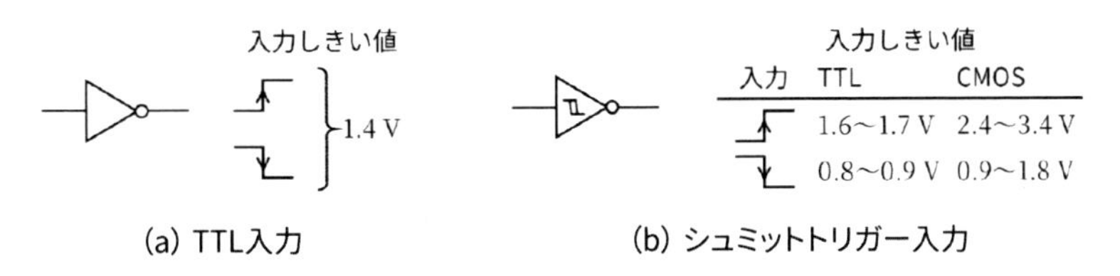

図 5.5 論理入力端子

5.1.4 論理回路設計のヒント

ここでは，通常の論理回路設計では学ばない，いくつかのヒントを説明しておく。

(1) 論理ゲートの応用

図5.6には，論理ゲート回路設計でのいくつかのヒントを示している。図5.6(a)は，NOTゲートがなくとも，ほかの使われていないゲートの余りでNOT論理を作れることを示している。NANDなら入力の一方を電源に接続し，NORなら入力の一方をグランドに接続すると，NOTを作ることができる。また，意外に知られていないが，使われていないExORゲートを活用し，一方を電源に接続するとNOTの働きをするので便利である。図5.6(b)は，入力をマスクする接続法である。マスクとは，何が入力されてもそれを出力に伝えないという応用である。マスクして0に固定したいならANDゲートを使い，1にマスクしたいときはORゲートを使う。これによって，ある特定のビットを無条件に消すような使い方ができる。

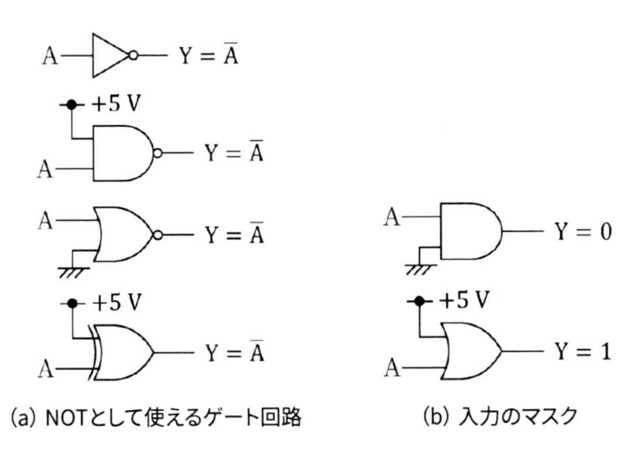

図 5.6 ゲートの応用

(2) フリップフロップの使い方

図 5.7 は，フリップフロップを使う上でのヒントを示している。図 5.7(a) は JK フリップフロップである。その動作は真理表に示した通りであり，クロック入力に丸が付いていない正論理の場合はクロックの立ち上がりエッジで動作する。図ではプリセット P とクリア C の端子も示したが，この 2 つの端子は JK 動作よりも優先されるものである。

JK の名前の由来にはいくつかの俗説があり，Jack と King が Queen を狙っているとも，Jack-Knife から連想されたともいわれる。また，集積回路の始まりは**キルビー特許** (Kilby patent) といわれるが，テキサスインスツルメンツ社の Jack Kilby（2000 年にノーベル賞を受賞）の頭文字ともいわれる。なお，筆者が 1990 年代にテキサスインスツルメンツ社つくば研究所のパパミハリス所長にお目にかかった際に，その真意をきいてみたことがある。その回答は，特許出願の際に回路図に順に記号を振っていったところ，たまたま J と K になった，ということだった。

ところで，ほとんどのフリップフロップでは出力は Q と表され，その負論理出力とともに出力される。図 5.7(b) は D フリップフロップであり，クロックの立ち上がりにおける D 信号の論理値がそのまま Q に記憶されるものである。D 信号の D は Data の意味と解釈してよいが，D フリップフロップの D は，遅延を意味する Delay から採ったものとされる。

図 5.7(c) は，JK フリップフロップで D フリップフロップを作る構成を示している。図 5.7(d) はトグルフリップフロップの作り方である。**トグル** (toggle) とは，一度クロックを入れると出力が反転し，もう一度クロックを入れるとさらに反転して元に戻る動作のことをいい，家庭用の電灯スイッチも最近はこのタイプが増えたようである。トグル動作は，現在の Q の状態 1 ビット分を回路が保持している必要があり，フリップフロップで実現できる。またトグル動作，最も単純な 2 進カウンターそのものである。具体的な回路構成は図に示した通りで，JK フリップフロップでは反転動作が行えるので，それを利用する。D フリップフロップでは，クロックを入れた後の Q はクロックを入れる直前の Q の否定論理であるため，こちらも図に示す回路配線で実現できる。

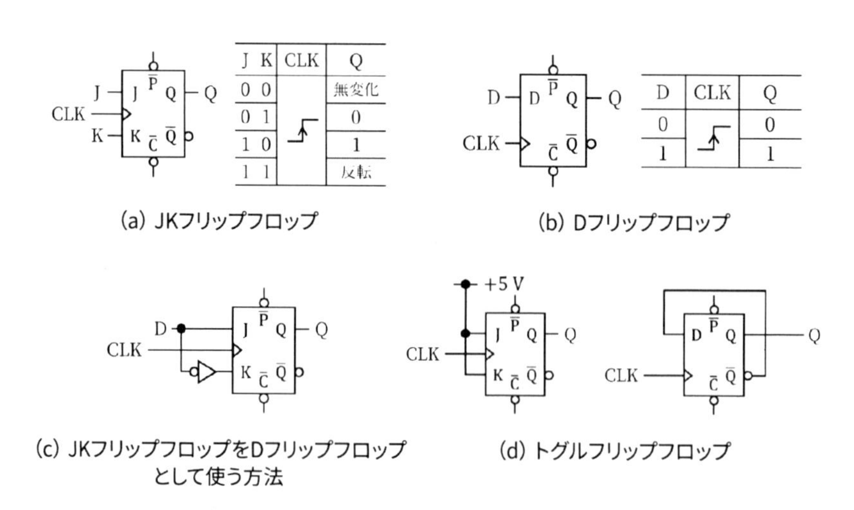

(a) JKフリップフロップ

(b) Dフリップフロップ

(c) JKフリップフロップをDフリップフロップとして使う方法

(d) トグルフリップフロップ

図 5.7　フリップフロップの使い方

(3) 論理 IC の特殊な利用と注意事項

図 5.8(a) に示したのは，アナログスイッチの注意点である。論理 IC にアナログスイッチがあるのは奇妙だが，CMOS の 4066 または 74HC4066 は，よく使われる IC の一つであろう。使い方は簡単で，A，B 間がスイッチになっていて，コントロール C を H にするとスイッチが導通し，C を L にすればスイッチが遮断される。内部回路は MOS-FET による導通非導通を利用したものである。このようにスイッチを遮断すると全く電流を流せない状況になるが，導通の際には 100 Ω 前後の導通抵抗が必ず存在し，それは電源電圧などに大きく左右されることに注意する。したがって，このようなスイッチをオペアンプゲイン設定などに利用するなら，必ず同一チップ上のスイッチを入力側にもフィードバック側にも入れて，一方はスイッチとしての機能を殺して導通のままにして補償するような配慮が必要である。またはオペアンプ入力端子が電流を流さないことを利用して，電流的導通をしないように設計する。

図 5.8(b) は TTL から CMOS へのレベルシフトの必要性を示している。通常，CMOS デバイスはコンプリメンタリー出力のために必ず電源電圧か 0 V を出力する。この出力を次の CMOS デバイスや TTL デバイスに入力しても，問題は生じない。ただし，TTL の 1.4 V 閾値の出力を 2.5 V 閾値の CMOS デバイスに入力すると問題が生じる。通常はスペックシートの指示に従えばよいが，多くの場合，図に示したようなプルアップ抵抗を追加する必要がある。抵抗値は 1 kΩ〜3.3 kΩ を指示されることが多い。なおメーカーサイドもこの事情をよく理解していて，入力レベルが TTL コンパチブルの 74HCT00 や 74ACT00 などのように，HC や AC の後に T の付くデバイスも用意されている。

図には示さなかったが，CMOS を使う大規模回路で注意すべき点がもう一つある。それは，デバイス出力のコンプリメンタリー動作が，わずかにオーバーラップすることがあるという点である。出力を H にするときは高電圧側の FET をオンにする，出力を L にするときは低電圧側の FET をオンにする，という動作をしているので，静的動作ではオフになっている側が必ずあって全く電力を消費しないので，CMOS デバイスは省電力になっている。しかしその切り替わりの瞬間には両側の FET が同時にオンになるので，消費電力はかなり大きくなる。動作速度が速くなると信号切り替わりの頻度が増えるため，特に同期クロックの周波数が高くなるときに，同期クロックのタイミングに合わせてかなりの電力を消費する点を意識した方がよい。

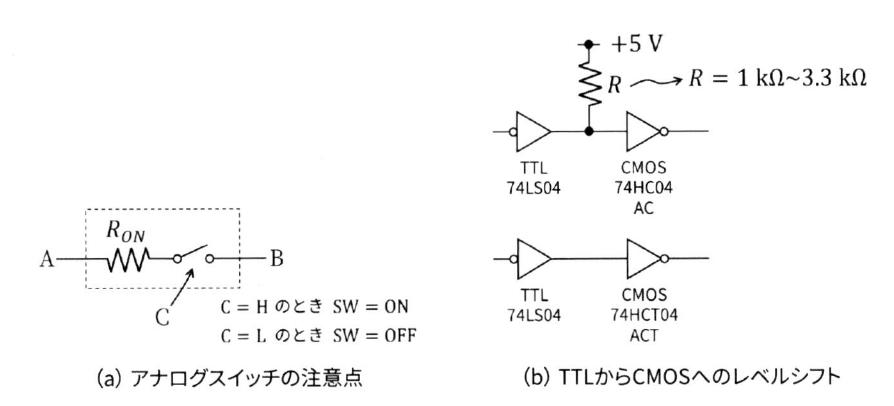

(a) アナログスイッチの注意点　(b) TTLからCMOSへのレベルシフト

図 5.8　論理 IC の特殊な利用と注意事項

5.2　安定化電源回路

回路は，供給する電源電圧が安定しないと，動作自体が不安定になりかねない。そこで電源の安定化が必要になる。バッテリーを除くと，電源としてはスイッチング電源，シリーズ電源，シャント電源の3種が実用的である。このうちスイッチング電源は大きな電力が供給されるが，スイッチの切り替えによりある程度の電圧変動は避けられない。これは信号にマージンのあるディジタル回路に向いている。本節ではシリーズ電源とシャント電源を見てゆく。

5.2.1　シリーズ電源とシャント電源

図5.9に示したシリーズ電源とシャント電源で使われる**レギュレータ** (regulator) を比較しよう。図5.9(a) は**シリーズレギュレータ** (series regulator) の例である。入力電圧 v_i はある程度の変動があるとし，この電圧変化を安定化させて電圧 v_o が得られ，負荷 R_L に供給される。負荷が v_o を変動させても，直ちにフィードバックがかかるため電圧 v_o は変動しない。入力電圧 v_i は v_o に対して数ボルト高めに供給しておくものとする。

この仕組みは次の通りである。まず電圧 v_o を分圧してツェナー電圧と比較する。もし電圧 v_o がわずかに下がったならばA点の電位が下がるので，オペアンプ出力は高電位になる。これが R_4 を介してトランジスターのベース－エミッタ電圧を高くするので，直ちにトランジスター Q が導通寄りに転じて Q のコレクタ－エミッタ間の電位差が小さくなり，v_i から v_o 側に電流が流れて，低インピーダンスの状態のもとで v_o の電圧が高くなる。オペアンプは一見するとフィードバックがかかっていないように見えるが，このようなネガティブフィードバックにより，負荷電圧 v_o は安定する。このレギュレーションが継続している間は，いつでもA点電位がツェナー電圧と等しく制御される。

これに対して図5.9(b) の**シャントレギュレータ** (shunt regulator) は次のように働く。まず，電源供給側 v_i から R を介して電流が負荷とトランジスターに分流されて流れる。いま制御すべき電圧 v_o がわずかに下がったとすると，分圧されたA点の電位が下がるので，ツェナー電圧との差がオペアンプ出力から R_4 を介してトランジスター Q のベース電位を下げ，ベース電流が減少することにより電流 i_Q が減少して，その分だけ負荷電流 i_L が増加する。このようなレギュレーションによって v_o の電位が高くなる。オペアンプは一見するとフィードバックがかかっていないように見えるが，このようなネガティブフィードバックにより，負荷電圧 v_o は安定する。このレギュレーションが継続している間は，いつでもA点電位がツェナー電圧と等しく制御される。

2つの安定化レギュレータは同じような結果を生むが，降圧部品が異なる。v_i から v_o への電位差は，シリーズレギュレータではトランジスター Q にかかるのでトランジスターが発熱する。したがって，ヒートシンクは Q に対して徹底的に行うことになる。それに対してシャントレギュレータでは降圧電位差は抵抗 R にかかるので，抵抗が発熱する。したがって，ヒートシンクは抵抗 R に対して徹底的に行うことになる。また，シャントレギュレータはいつでも抵抗 R にほぼ一定電流が流れていて，その一部をトランジスターでシャントすることで働く。これは消費電力が高くなる手法であるが，アクティブ電流制御であるから，標準電源など精密な電流源として適している。それに対してシリーズレギュレータは電流が陽に現れず，アクティブ電圧制御をしているため，トランジスター Q に流す電流は必要な分だけでよいので，消費電力が割合に小さい。したがってシリーズレギュレータは汎用安定化電源として用いられることが多い。

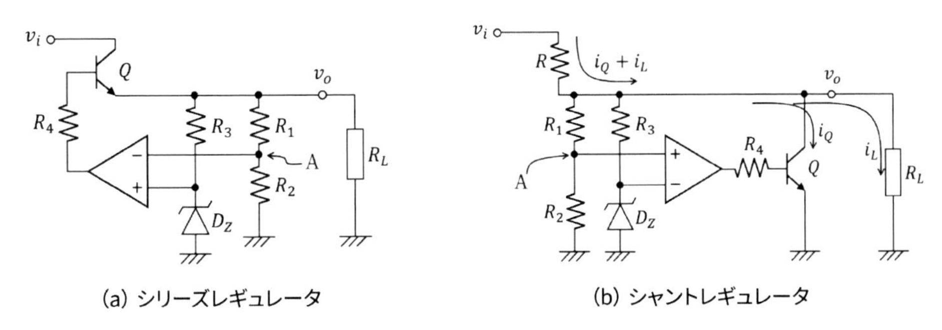

(a) シリーズレギュレータ　(b) シャントレギュレータ

図 5.9　オペアンプによる安定化電源

5.2.2 シリーズレギュレータ

図 5.10 に，トランジスターを使った**シリーズレギュレータ** (series regulator) を示した。図 5.10(a) はその基本回路である。入力電圧 v_i が，トランジスター Q_1 のコレクタ－エミッタ間の降圧によって出力電圧 v_o となる。Q_1 のベース電位は R_1 を経由したツェナー電圧に固定されていて，これがエミッタ側に 0.7 V だけ低い出力電圧 v_o と比較される。もし v_o が 5.0 V を下回ると，直ちにベース電流が流れて Q_1 がノーマルモードで働き v_o を 5.0 V にまで引き戻す。

図 5.10(b) は Q_1 で電圧降下を作り，フィードバックは Q_2 により働かせる。すなわち，出力電圧 v_o が上昇するとその分圧点 A の電位が 4.8 V を上回り，これが Q_2 のベース電位になる。エミッタはツェナー電圧 4.1 V に固定されるので，それより 0.7 V 高いベース電位を境にして Q_2 がオンになり，これが R_1 の電圧降下により Q_1 ベース電位を下げ，Q_2 をノーマルモードの遮断寄りに制御する。これにより出力電圧 v_o が下がる。逆もまた同様なので，出力電圧 v_o はほぼ 5 V に制御される。Q_3 は Q_1 の過電流を保護する働きをしているので，もし Q_1 から出力への電流が 25 mA を超えると R_5 の電圧降下が 0.25 V を超えて，Q_3 が導通して Q_1 を遮断する。

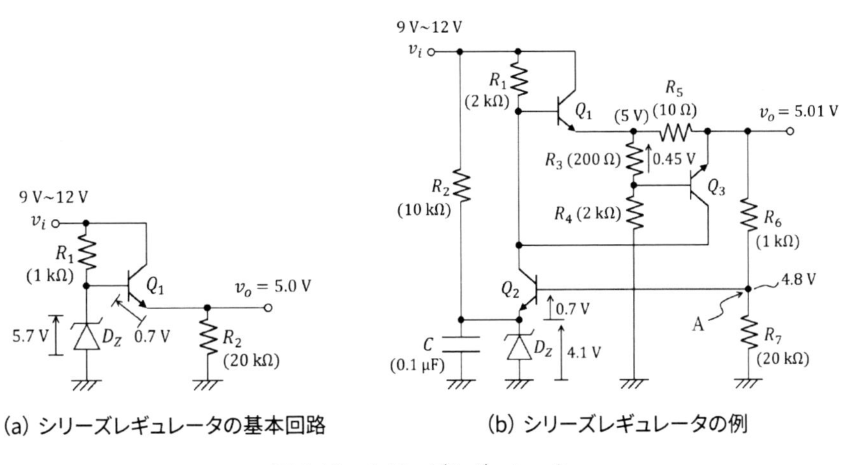

(a) シリーズレギュレータの基本回路　(b) シリーズレギュレータの例

図 5.10　シリーズレギュレータ

これにより過電流が防止される。

このような機能を有する **3 端子レギュレータ** (3-terminal regulator) が市販されている。例えば 7805 は出力を 5 V に制御し，7905 は出力を –5 V に制御するシリーズレギュレータである。内部回路は差動増幅器などが巧みに組まれた構成になっているが，基本的に上述した制御を行う便利なモジュールである。図 5.11 に，3 端子レギュレータの変則的な利用法を示した。図 5.11(a) は出力電圧をツェナー電圧だけ増加させる回路である。簡易的なブースターとしては，図 5.11(b) に示すようにダイオードの遷移電圧だけレベルシフトして使うこともできる。図 5.11(c) は出力をダイオードでレベルシフトして，遷移電圧だけ電圧を減じることのできる簡易構成である。

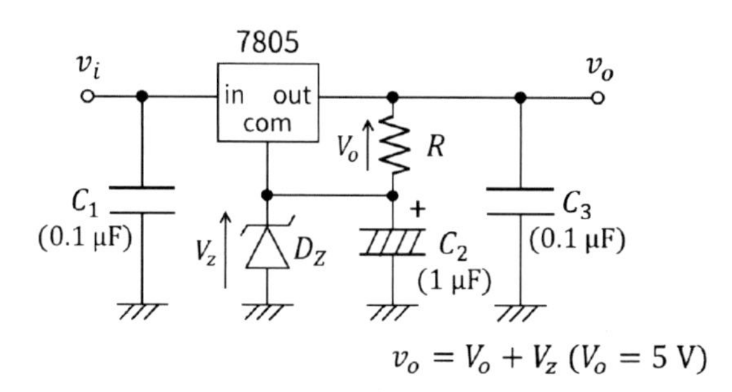

(a) 3端子レギュレータの電圧ブースター

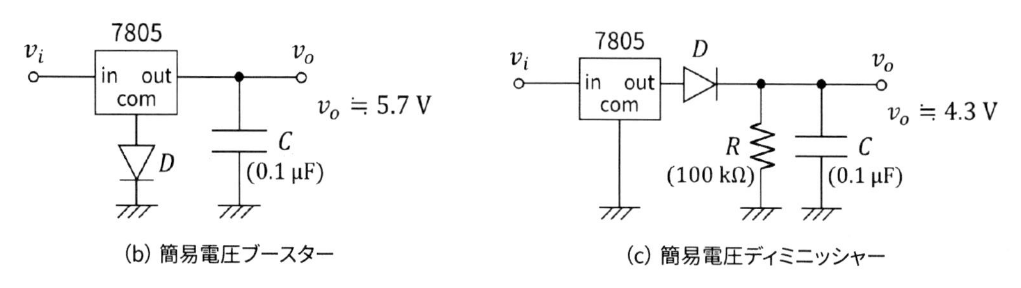

(b) 簡易電圧ブースター

(c) 簡易電圧ディミニッシャー

図 5.11　3 端子レギュレータのブーストなど

5.3　オペアンプの内部回路

ここではオペアンプ μA741 の内部回路を見て，部品の組み合わせを理解する。同じ型番のオペアンプは複数のメーカーから販売されていて，それぞれわずかに違う等価回路構成である。ここでは Fairchild 社の回路を一部改変した回路図を見てゆく。さらに，理想オペアンプと実際のオペアンプの違いについても理解する。

一般にモジュール回路はモノリシック（mono-lithic；1 つのシリコンチップにすべてを載せる），ハイブリッド（hybrid：複数のシリコンデバイスを基板上に乗せて組み合わせる，あるいはアナログとディジタルが混載する意味もある），ディスクリート（discrete：個別の部品をはんだ付けなどで組み合わせる）のいずれかである。オペアンプは，創世期にはアナログコンピュータの実現のために設計され，はじめは真空管によるディスクリート構造であった。現在ではシリコンチップ上で完結するモノリシック構造が主流である。

オペアンプによる回路は，直流から増幅できる優れた回路である。概ねオーディオ帯域まではモノリシックのチップで構成すれば良い回路であるが，GHz 帯の高周波ではディスクリートでシンプルに設計する利点が出てくる。これらを理解した上で，基本的なオペアンプの内部構造を見てゆくことにする。

5.3.1 オペアンプ μA741 の内部回路

図 5.12 に μA741 の内部回路を示す。外部に出ている端子は正負の入力端子 v_+，v_- と出力端子 v_0，正負の外部電源端子 V^+，V^- および入力オフセット調整用の 2 本の Offset Null 端子である。Q_8 と Q_9 はカレントミラーになっていて，Q_8 からの電流 i_0 が Q_1 と Q_2 の構成する入力差動増幅器の電流源になり，$i_0 = i_1 + i_2$ である。Q_1 と Q_2 は A 点を共通にするコレクタ接地である。Q_3 と Q_4 は B 点を共通にするベース接地であり，これらは Q_5 と Q_6 をアクティブ負荷としている。Q_1 と Q_3，および Q_2 と Q_4 はそれぞれカスコード接続であるから，高周波信号にも対応している。Q_5，Q_6，Q_7 は精密カレントミラーを構成していて，わずかなオフセットも外部端子を使って調整できるようにしている。なお，外部からオフセット調整するなら，Offset Null 端子を外部可変抵抗の両端に接続して，可変抵抗の中間タップを負の電源に接続する。このような構成で Q_2 から下向きに流れる i_2 から Q_6 に吸い込まれる i_1 を A 点で減算した $i_2 - i_1$ の電流が C 点から D 点に向かう。

D 点に接続された Q_{16} と Q_{17} はダーリントン接続（正確には前段がコレクタ接地された変形ダーリントン接続）されていて，そのアクティブ負荷は Q_{13} である。ダーリントン接続で受けることにより，入力段の差動電流が小さくても，全体に安定した回路動作をする。出力段は Q_{14} と Q_{20} がプッシュプルを構成することにより，出力電圧端子のインピーダンスを低くしている。Q_{14} と Q_{20} はいずれもコレクタ接地で動作し，それら 2 つのトランジスターのベース間電位は E 点と F 点を定電圧回路 (Q_{18} Q_{19}，R_{10}) によって補償して，クロスオーバー歪を防いでいる。実質的に出力段の電位制御しているのは Q_{22} と Q_{17} であり，Q_{17} のエミッタ負荷は定電圧回路を経て Q_{13} のアクティブ負荷が負っている。Q_{12} と Q_{13} はカレントミラーになっていて，Q_{13} はマルチコレクタ端子を持つので，$i_3 = i_4 + i_5$ である。すなわちダーリントン接続された Q_{16} と Q_{17} の増幅する電流は，$i_2 - i_1$ の一部が β^2 倍されて i_4 に等しくなる。i_4 が増える分だけ i_5 が減少するので，出力段は入力段からの電流とは逆位相の動作をする。D 点から Q_{22} に至る経路で，入力段からの電流 $i_2 - i_1$ の一部が Q_{22} に流れて Q_{17} のコレクタ電流となり，i_5 が Q_{22} に流れ込む経路の E 点と F 点の電位に連動して出力電位となる。

回路全体のバイアスを決める基準電流は，Q_{12}，R_5，Q_{11} で作っている。仮に外部電源が ±15 V なら，

$$i_3 = \frac{30\ \mathrm{V} - 2 \times 0.7\ \mathrm{V}}{39\ \mathrm{k\Omega}} \fallingdotseq 0.73\ \mathrm{mA} \tag{5.1}$$

である。Q_{10} と Q_{11} とは片抵抗カレントミラーを組んでいる。この回路は特にワイドラーの回路とも呼ばれる電流源であり，特性は次のように求められる。まず G 点から Q_{10} と R_4 を経由して負の電源に至る電位差は式 (2.1) を近似的に

$$i = i_s e^{\frac{q}{kT}v} \tag{5.2}$$

と表して，Q_{11} の遷移電圧に等しいので

$$i_0 R_4 + \frac{kT}{q}\ln\left(\frac{i_0}{i_s}\right) = \frac{kT}{q}\ln\left(\frac{i_3}{i_s}\right) \tag{5.3}$$

これを整理すると

$$i_0 = \frac{1}{R_4}\frac{kT}{q}\ln\left(\frac{i_3}{i_0}\right) \tag{5.4}$$

である。これは式(3.1)で $R_1 = 0$，$R_2 = R_4$，$i_1 = i_3$ と置くことでも得られる。kT/q は温度に依存した物理量で，常温ではほぼ 25 mV である。$R_4 = 5\ \mathrm{k\Omega}$，$i_3 = 730\ \mu\mathrm{A}$ を代入して数値的に解くと，$i_0 = 18.4\ \mu\mathrm{A}$ である。ゆえに Q_1，Q_2 のバイアス電流は $i_1 = i_2 = 9.2\ \mu\mathrm{A}$ ということになる。

出力が正の半サイクルで Q_{14} が出力に対して強電流を吐き出すとき，ある一定電流を超えると R_6 両端電位差が 0.7 V を超え，Q_{15} が導通し，Q_{14} を遮断して出力を抑制し，Q_{14} を保護する。一方，出力が負の半サイクルで Q_{20} が出力から強電流を吸い込むとき，ある一定電流を超えると Q_{21} が導通し H 点電位が上昇する。H 点の最大電位は Q_{24} により最大 0.7 V に抑制されるが，これで Q_{23} が導通し Q_{16} を遮断するのでダーリントン後段の Q_{17} を遮断し，それにより F 点電位が上昇して Q_{20} を遮断して出力を抑制し，Q_{17} と Q_{20} を保護する。

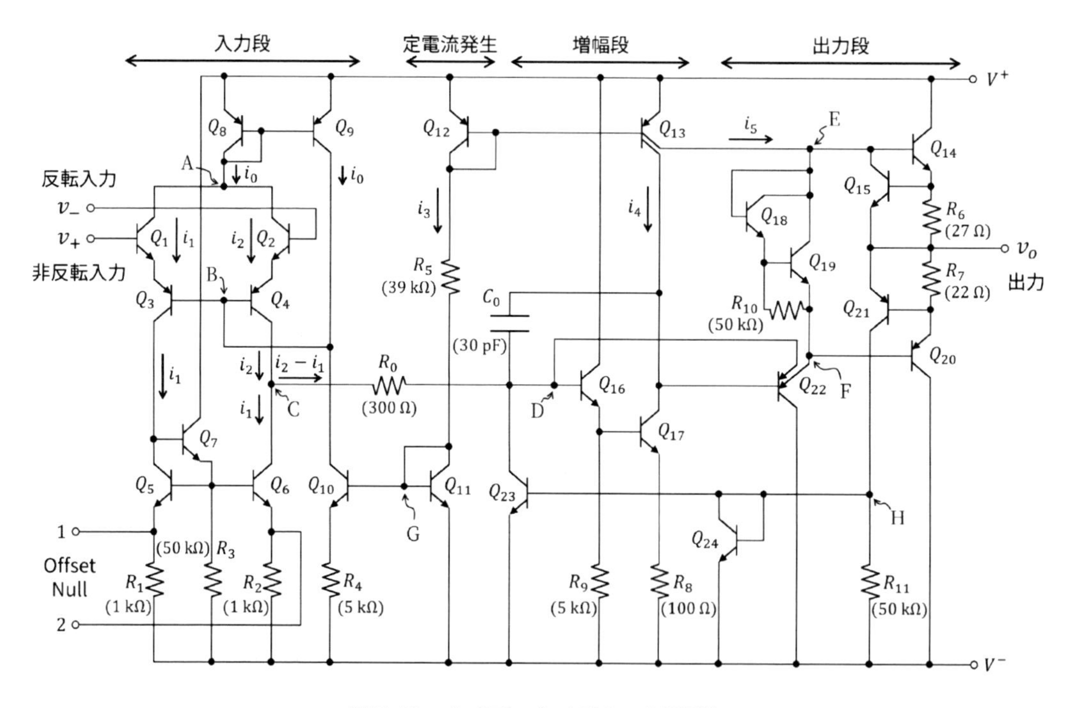

図 5.12　オペアンプ μA741 の内部回路

5.3.2 オペアンプ μA741 の特性

理想的オペアンプは次の条件を仮定できるので，回路設計が容易である。

1) 入力に対する出力のゲインが無限に大きい ($G = \infty$)
2) 増幅器としての周波数帯域が無限に大きい ($B = \infty$)
3) 入力端子のインピーダンスは無限に大きい
4) 入力端子に流れる電流は 0 である
5) 出力のインピーダンスは 0 である
6) 出力の電流はいくらでも大きくできる
7) コモンモード除去比 (CMRR) は無限に大きい

実際のオペアンプではいくつかの制約があるので，これを説明する。まずオペアンプは内部で差動増幅回路，ダーリントン増幅回路，プッシュプル回路の縦続接続で構成されている。各増幅段は電極点容量や分布容量等によってそれぞれ 1 次遅れ系を構成し，−6 dB/oct. (−20 dB/dec.) の高域特性を持つ。低周波応答では，十分に高いゲインで増幅ができても**極** (pole) の周波数で伝達特性が減衰を始め，高周波側では微分器としての**ロールオフ** (roll off) を持つ。また，3 段の合成により，高域の −18 dB/oct. 領域付近において，180° の位相差を生じる周波数が存在する。このときネガティブフォードバック回路全体は正帰還動作に転じるため，オペアンプは発振を起こす。

このようなオペアンプのボード線図を図 5.13 に示した。点線で示したのは位相補償のない μA709 のゲインと位相の関係を模式的に示したもので，第 1 の極周波数を f_1，第 2，第 3 の極を f_2，f_3 で示した。f_1 付近で 45° の位相遅れがあり，f_2 付近では 90°+45° の位相遅れがあり，f_3 付近では 180°+45° の位相遅れがある。これより極周波数 f_2 と f_3 の間に 180° の位相差を生じる周波数が必ずあり，μA709 はその周波数でゲインが 0 dB 以上であるから発振を起こす。

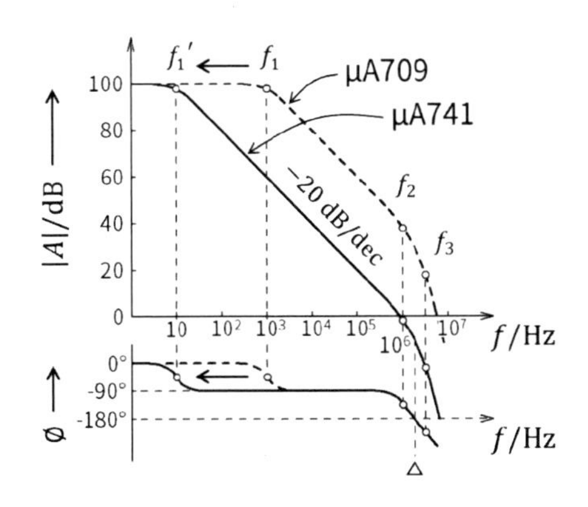

図 5.13　オペアンプのボード線図

外部回路を加えて位相補償をするスキルがある設計者にとっては，このオペアンプはデバイスの限界まで性能を引き出すために有用であろう。しかし簡単にオペアンプを扱いたい設計者にとっては，このような鋭い特性はかえって迷惑である。そこで位相補償を内蔵した μA741 では，図 5.12 に示した C_0 と R_0 を追加して，第 1 の極周波数 f_1 を f_1' に低周波数側に移している。概算するなら，ダーリントン接続の直前の $C_0 = 30$ pF は，出力側で $\beta^2 \fallingdotseq 10000$ 倍されて働く。この時定数 $t_{RC} = R_0 \times C_0 \times \beta^2 \fallingdotseq 300 \times 30 \times 10^{-9} \times 10^4$ s $\fallingdotseq 0.1$ s による折り返し周波数は，$f_1' = 1/t_{RC} \fallingdotseq 10$ Hz である。このようにして，図 5.13 の実線で示した μA741 の特性では，位相が −180° 回る点でゲインが 0 dB を下回るので，発振しないオペアンプになっている。この特性は無条件に安定である。μA741 の第 2 極周波数 f_2 に満たない周波数領域では，ロールオフが −20 dB/dec. であるため，ゲイン G と周波数帯域 B が作る GB 積が $GB \fallingdotseq 1$ MHz ほどで一定になる。

図 5.14 に，フィードバックの有無によるオペアンプ回路の周波数特性を示した。例えば非反転増幅器で 10 倍のゲインアンプを設計するとしたら，もともと十分大きいゲインを持つ裸のオペアンプを，外部回路のフィードバックによりゲインを 20 dB にまで無理やりに抑えることになる。このフィードバックのかかったアンプは，周波数 100 kHz までの帯域で使うことができるが，外部回路のフィードバック分が 80 dB くらいあることは，相当な強制減衰を与えていることになる。良いたとえかどうかは別にして，身長 2 m のプロレスラーを 0.2 mm の赤ちゃんアリのサイズにギュッと潰すのが 80 dB の減衰である。

また，入力端子に流れる電流は 0 に近いとはいえ，実際にはベース電流を流す必要がある。この**バイアス** (bias) 電流への対応の仕方は 2 つある。一つは，FET 入力を使ったオペアンプを使うことで，これによると入力電流はほぼ 0 とみなしてよいが，温度特性の難しさがあり，また外来雑音を防ぐようなガードリング配線など別の工夫も必要になる。もう一つは，2 つの入力端子から見たインピーダンスを等しく設計することで入力バイアス電流をキャンセルする方法がある。

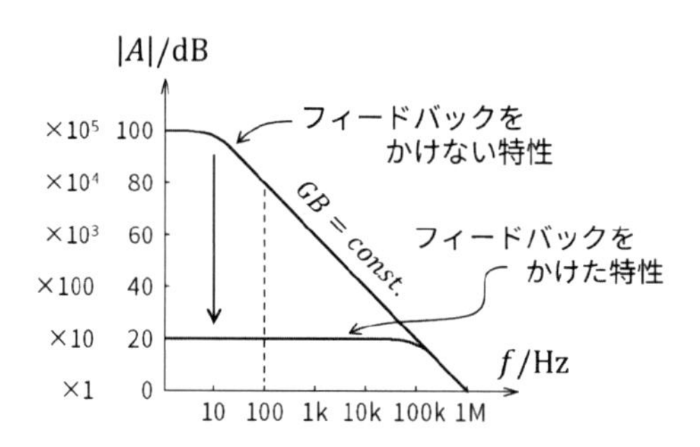

図 5.14　オペアンプ回路の周波数特性

図 5.15(a) に，反転増幅器の例を示した。反転入力端子から外側を見るインピーダンスは，入力電源に対する R とオペアンプ出力端に対する R_f が並列になるため，非反転入力端子の外側にそれらの並列接続に相当する抵抗を入れればよい。図 5.15(b) には非反転増幅器に対する同様な対策を示した。

バイアスと並んで実機で意識したいのが**オフセット** (offset) と**ドリフト** (drift) である。オペアンプは 2 本の入力端電位を等しくすれば，理想的には出力電圧は 0 になるはずであるが，実際には電圧に偏りが出る。これがオフセットである。オフセットは入力段の差動アンバランスで生じるため，Offset Null 端子に可変抵抗をつないで注意深くバランスを取ると調整できる。ドリフトは，2 つの入力端子に入力信号を加えない状態で，オペアンプの出力が緩やかに変動する現象で，オフセット電流や電圧の温度依存性，あるいは経年変化などが原因となる。オフセット調整が十分なされていればさほど影響しないが，精度を求めるためにはある程度の暖機運転を義務化する，定期的にオフセットバランスを取り直す，恒温槽に入れてしまうなどの方法で改善することが多い。

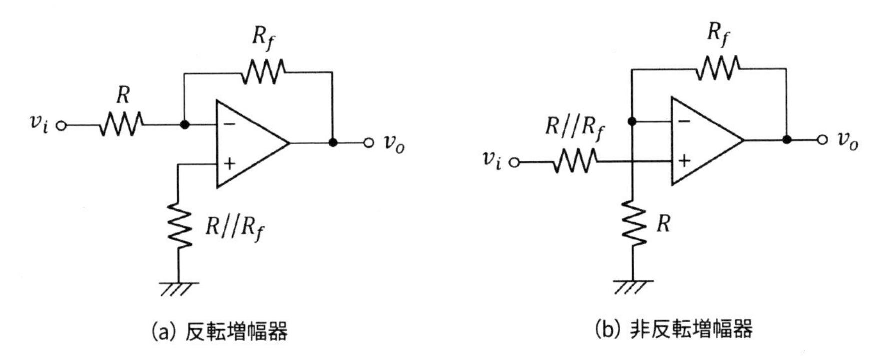

(a) 反転増幅器　　(b) 非反転増幅器

図 5.15　入力バイアス電流の対策

また，オペアンプの特性として，**スルーレート** (slew rate) がある。これは入力にステップ状の信号を与えたときの，出力信号の立ち上がり時間を示すもので，例えば μA741 ではスルーレートが 0.5 V/μs である。差動入力の一方が急激に立ち上がるときに，もう一方がそれに追随できずにわずかに遅れ，イマジナリーショートが瞬間的に破れることが原因で，この改善には 3 つの方法がある。1 つ目は位相補償のないオペアンプを使い外部キャパシターによって改善させる方法だが，これは高度な設計技術を要する。2 つ目は，そもそも信号の急な動きが起きないように周波数帯域を狭く設計する方法である。3 つ目は，もともとスルーレート特性が良いオペアンプを選択する方法で，例えば LM318 は 50 V/μs くらいのスルーレート特性がある。

5.4　演習課題と考察

Q 5.1　図 5.16 に示した 2 つの論理回路の動作を調べよ。

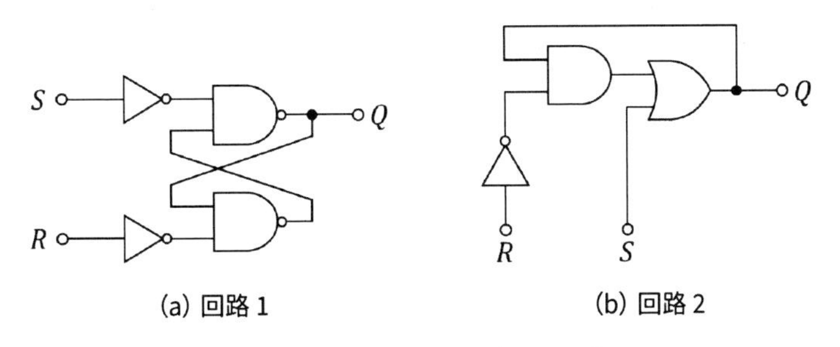

(a) 回路 1　　(b) 回路 2

図 5.16　RS フリップフロップ

Q 5.2　次の TTL 集積回路の使い方を調べ，考察せよ。

1) 74LS221 のシングルショット回路
2) 74LS148 のプライオリティエンコーダ
3) 74LS283 のフルアダー

Q 5.3　論理ゲート回路の CMOS ロジック IC の内部回路を調べ，動作を説明せよ。

Q 5.4　3 端子レギュレータ 7805 の内部回路を調べ，動作を説明せよ。

Q 5.5　オペアンプ LM358 の内部回路を調べ，動作を説明せよ。

Q 5.6　オペアンプ NJM4580 の内部回路を調べ，動作を説明せよ。

Q 5.7　ECL 論理回路を調べよ。

Q 5.8　CCD 素子について調べよ。

Q 5.9　オペアンプ μA741 の開発史を調べよ。

Q 5.10　オペアンプ μA741 のセカンドソース IC を複数分析せよ。

Q 5.11　論理回路で負論理とはどのようなことか。また負論理を使う意義を考察せよ。

第6章

回路設計基礎実験

回路設計を体験するには，基本の習得後に回路部品の組み合わせを体験するとよい。本章ではグラフの書き方から始め，回路の基礎，および設計を達成できるような実験を展開する。実際の実験では，本書本文中に述べた原理を組み込んで実施するとよい。対象としては，高専の 4～5 年次，ならびに大学工学部の 2～3 年次を想定している。なお，ここで紹介した回路実験は，筆者が以前に所属した高専の旧学科での電子制御工学実験を参考にして，まとめ直したものである。

6.1　報告書におけるグラフの書き方

学生実験を行った後は，必ず報告書の提出を求められる。報告書では，実験手順や結果の報告のみならず，結果のデータからわかる物理現象の意味合いを考察する。既に原理がわかっている現象を観測する場合は，原理と照らし合わせ結果の良し悪しを検討し，良い結果が得られた原因／悪い結果が得られた原因を考察する。

この考察の過程において，結果のデータをグラフにして報告書に記載することは，非常に重要な意味を持つ。本節では，報告書におけるグラフを作成するためのポイントを詳しく説明し，例示を行いながらグラフについての理解を深めてゆく。

6.1.1　グラフの意義

なぜグラフを書くのか。そう問われると「実験指導書でグラフの作成が求められているからだ」と回答する初学者も多いだろう。そこで次のようなケースを考えてみよう。ある実験を行い，ある結果が得られた。この実験では条件を変え，同じ入力値に対し 2 つの出力値が得られたとする。得られたデータを表 6.1 に示す。

表 6.1　ある実験の入出力特性

入力	出力 1	出力 2
0	0	0
0.5	11.8	2.5
1	24.9	9.9
1.5	38.6	16.7
2	51.7	25.5
2.5	63.8	37
3	76.4	53.3
3.5	88.3	80.2

さて，この表の数字だけを見て入出力の関係を論じることができるだろうか。「できる」と言う人にはグラフは必要ないかもしれないが，少なくとも著者にはできない。単なる数字の羅列からは，直感的にそれぞれの関係性を導くことができず，解析するのに長時間を要するものである。そこで，この表からグラフを作成してみる。作成したグラフを図 6.1 に示す。

図 6.1 のグラフからは，入力に対して出力 1 は直線に沿って比例していることがわかる。式にすると一次関数である。そこで原理を確認してみると，出力 1 に関しての原理式は一次関数である。なるほど，出力 1 に関しては原理通りの良い結果が得られたと言えるだろう。では出力 2 はどうだろうか。少なくとも直線ではない。そしてしばらく見ていると，二次関数か指数関数に沿っているように見えてくる。そこで原理を確認してみると，出力 2 の原理式は指数関数である。なるほど，出力 2 も原理通りの良い結果が得られた可能性がある。では本当に得られた出力 2 は指数関数なのか，式のパラメータを同定していこう......といった具合に，考察を進めてゆく。

このように，ただの数字の羅列をグラフにすることで，直感的にその関係に対する「気付き」

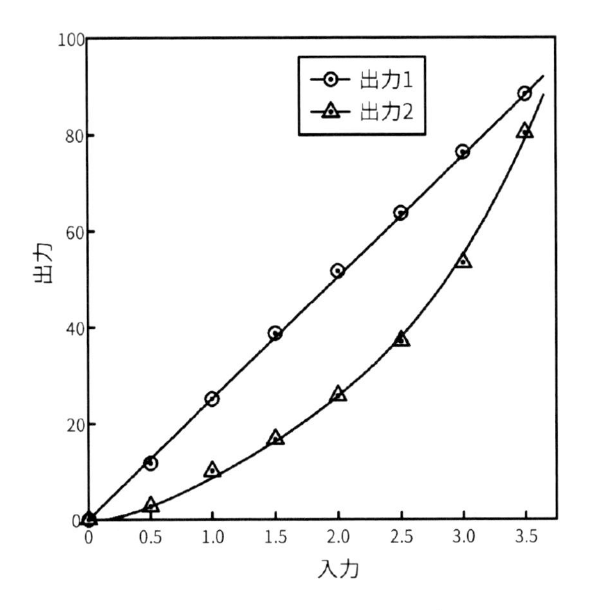

図 6.1　表 6.1 をもとに作成したグラフ

を得られ，その後の考察に進んでゆくきっかけを得られる。またグラフは，現象を他者に説明する，つまり報告書にまとめる際に読者にわかりやすく説明するための材料としても機能する。これらが，「なぜグラフを書くのか」という問いへの答えである。

さらに，学生実験ではない研究において行う実験は，未知の現象を相手にしたものが多くを占めるのは言うまでもない。その際は，この例のように得られたデータが原理式と一致するかを検討するのではなく，原理式を同定してゆく作業になる。その際に関係の概形がどうなっているのかを見ることが重要であるのは，想像に難くないであろう。

6.1.2　正しいグラフの形

報告書におけるグラフには，正しい形が存在する。正確には，学問の分野や学派，学校ごとの違いから指導者の好みのレベルに至るまで，細かい決まりごとが多種多様に存在するが，外してはいけない部分はほとんどのルールで共通している。以降で挙げるものはあくまでその一例であることを認識しつつ，一つ一つのルールに対してなぜそう定められているのかを説明するので，読者各自でその意図するものを捉えてほしい。

まずはグラフ用紙の全景を図 6.2 に示す。

(1) グラフ用紙の余白

全景でまず着目してもらいたいのは，方眼紙などのグラフ用紙を使用する際に，余白部分に情報を書かないということである。余白は，歴史的には紙媒体を長期保存する際に本文を汚損や欠損から守るために設けられた。現代においてはコピーやスキャンを行う際に，多少であれば位置ずれによる本文情報の欠落を防いでくれる効果がある。図 6.2 のように，軸の情報や図番号，図キャプションといった情報も，方眼のある部分に含める使い方が正式である。

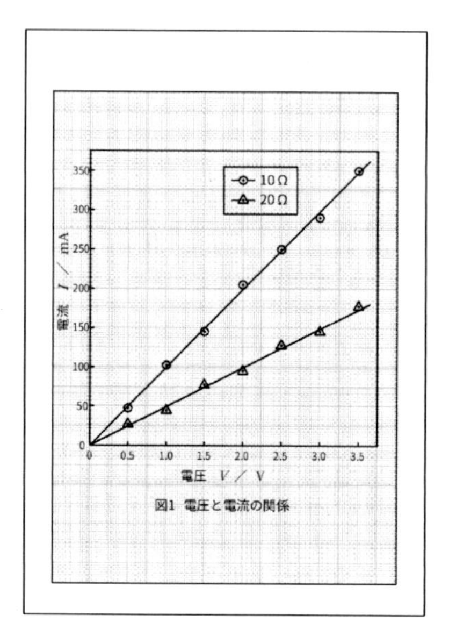

図 6.2　正しいグラフの形（全景）

(2) 線の描画

グラフの枠線，目盛線，近似線，補助線といった線を描画する場合は，必ず定規を用いる。直線は言うまでもないが，曲線を描画するときも，図 6.3 に示す自在定規や雲形定規といった道具を用いる。図 6.4(b) のようなフリーハンドで絵画のように細かく区切った線をつなげて曲線とすることは厳禁で，このような線を報告書に書いた場合，極めて高い確率で再提出となる。絵画においてはやわらかい曲線を表現する手法だが，工学的，数学的には 1 本の線であることが求められる。雲形定規で作図する場合でも，図 6.4(a) のように，つなぎ目はできるだけ目立たないようにする必要がある。

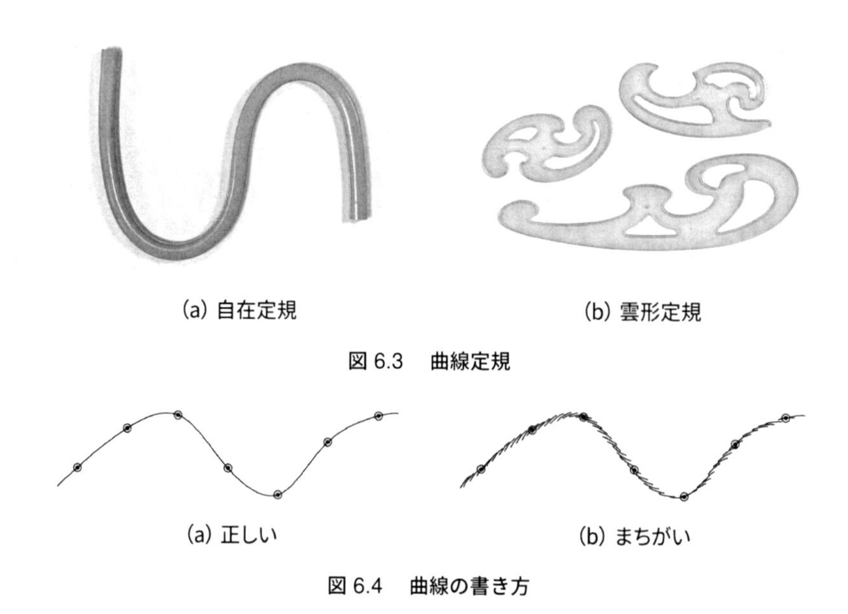

(a) 自在定規　　(b) 雲形定規

図 6.3　曲線定規

(a) 正しい　　(b) まちがい

図 6.4　曲線の書き方

(3) 記述の方向

多くの報告書は，用紙を縦置きにして横書きで記述するであろう。この場合は，まずは図6.5(a)のように下から読める方向でグラフを作成することを検討する。しかし横方向に長い図になる場合や，片対数グラフ用紙の対数軸を横軸として使う場合などは右から読める方向で作成し，報告書を綴じる。これは，報告書の上2点または左2点をステイプラーで綴じる場合の読みやすさとめくりやすさを考慮した結果である。

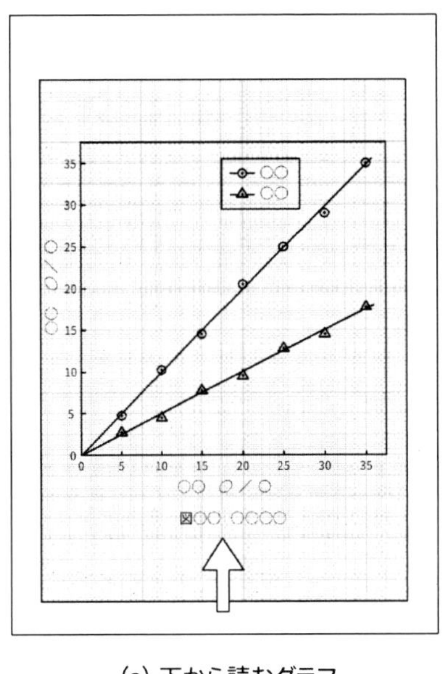

(a) 下から読むグラフ

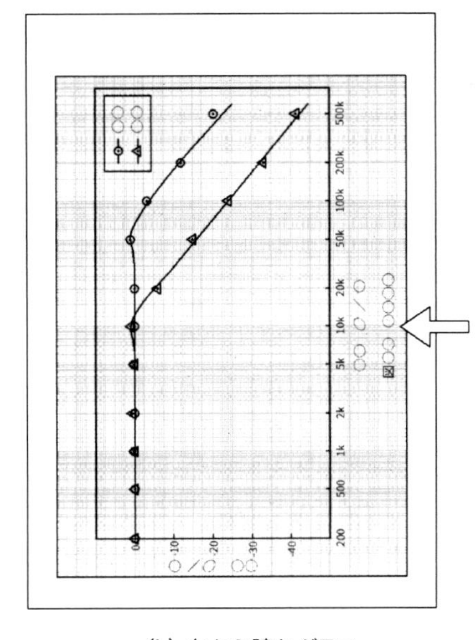

(b) 右から読むグラフ

図 6.5　グラフの記述方向

(4) ゼロの表示

以降は，図6.2からグラフ要素の部分を拡大した図6.6を例として説明する。グラフの値や近似線がゼロを通るか否かは，データとして重要な意味を持つ。そのためグラフの縦軸と横軸は，特別な場合を除いてゼロから始める。変化の様子を拡大する意図で軸の目盛を途中で省略する場合も，ゼロ点は省略しない。

(5) 軸名，量記号，単位記号

軸の説明として必要なのは，軸名，量記号，単位記号の三要素である。図6.6の横軸を例にすると，軸名は「電圧」，量記号は「V」，単位記号は「V」である。軸名は文字通り軸の名前なので，適切な名前を付ける。「入力電圧」や「制御電圧」のように，より具体的な名前を付けてもよい。量記号の「V」は「ブイ」と読み，イタリックフォントを用いる。場合によっては「V_{in}」「V_1」などの添字が付くこともある。単位記号の「V」は「ボルト」であり，ローマンフォントを用いる。目盛にある各数値は本来は量であり，数と単位の掛け算となっている。ここから数値のみを取り出して簡便に記述したいがために，代表して軸の説明部分で量記号を単位記号で割っているのである。すなわち「電圧 V/V」の三要素はどれも省略することができない。

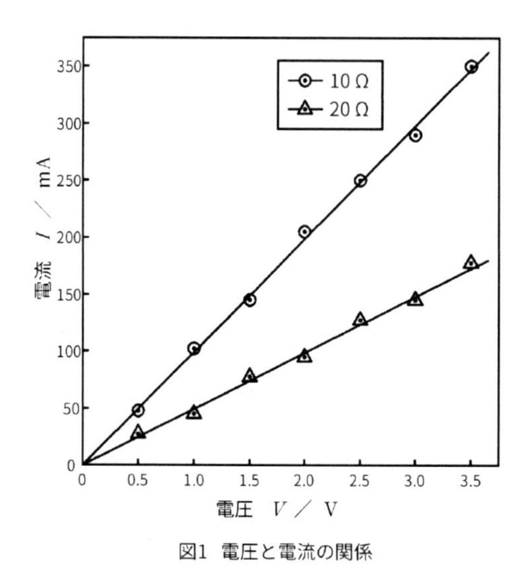

図 6.6　正しいグラフの形（拡大）

(6) 目盛

数値の間隔と目盛の間隔が等間隔になるように配置するのは，グラフの基本である。一部が広かったり狭かったりすると，直線であるべき線が歪んでしまうのは容易に想像できるであろう。結果を可視化し，直感的に判断するためにグラフを作成するのだから，事実に対して歪んでいると勘違いを生む。

(7) マーカと凡例

グラフにおいて，同じ枠内に複数条件の結果を記入したい場合がある。その場合は点を系列ごとにマーカで区別し，どのマーカがどのような条件のデータなのかを凡例（はんれい）にて表示する。図 6.6 では「10 Ω」と「20 Ω」の結果がマーカで区別されて同じ枠内に記入されている。このようにすると条件による結果の違いを比較しやすい。

マーカの形や大きさには理想形がある。まず形は，図 6.7(a) のように点の周囲を図形で囲む形が最も理想的である。バツ印は図形の中央がわかりやすいので，これも良い例となる。Excel を使用してグラフを作成すると図 6.7 (b) のように中央の点が存在しないマーカになり，理想的ではないものの，多くの場合許容できる。理想的でないのは，図 6.7(c) のように大きすぎる場合や小さすぎる場合である。大きすぎると中心が判別し辛く，小さすぎるとマーカの区別が難しくなる。まれにマーカの大小で誤差やばらつきの大小を表すように主張する指導者もいるが，誤差やばらつきを表すのであればエラーバーや箱ひげ図を用いる表現方法が望ましく，マーカの大きさは一定である方がよい。また，マーカや近似線を色で区別するのは避けた方がよい。報告書や論文を白黒コピーされた場合に区別がつかなくなるためである。

凡例は，グラフの枠内に収めて記入する。Excel を使用すると初期設定では枠外になってしまうため，手作業で移動する。凡例には，マーカと対応する条件などの説明を横に並べて列挙し，場合によっては近似線の線種を記入することもある。また，凡例の領域はデータ領域と明確に区別するために，枠で区切る。位置はグラフ枠内の右上が基本となり，右上にグラフ要素があり配置できない場合のみ，左や下にずらす。

図 6.7 マーカの種類

(8) 近似線

点とマーカの記入を終えると近似線を引くことになるが，これをどのように引くかは，グラフ作成において非常に重要となる。まず，点と点を直線で結んで折れ線グラフにしてしまうことは厳禁である。何らかの実験を行い，結果が得られたとして，その結果には多かれ少なかれ，必ず誤差が含まれている。よって点と点を精密につなげて折れ線になったとしても，その形に大した意味はない。

近似線を引く際には，まずは直線なのか曲線なのかを判断する。図 6.6 のグラフでは，10 Ω と 20 Ω の負荷抵抗に加える電圧 V を可変して，流れる電流 I を測定している。この実験結果は，原理を考えるとオームの法則に従うことが予想され，その関係は比例（一次関数）であることが知られているので，すなわち近似線は直線とするべきだということがわかる。曲線になる原理の場合は形の予測が難しいが，学生実験の課題として与えられる物理現象が複雑な曲線（高次の多項式）になることはまれである。

直線か曲線かを決めたら，定規を使って「すべての点を滑らかに通るような線」を引く。ただしこれは初学者向けの表現であり，経験を積んだ学生や研究者になると，数学的に求めた近似線を記入するのが当たり前となる。ここでは「最小二乗法」「スプライン曲線」といったキーワードのみ紹介しておく。なお，人間の眼や予測は優秀なもので，「すべての点を滑らかに通るような線」を引くと数学的に求める近似線に似た形になることが多いため，初学者のうちはこのような近似線の引き方で問題ない。大切なのは，この近似線を記入する瞬間から，考察が始まっているということである。近似直線の傾きから比例定数を求めたり，曲線の形から原理の式を推定したりするなど，この後どんな考察を展開したいかを考えながら近似線を引く。測定時に何らかのエラーが発生し，明らかに他の系列と一致しない点（外れ値）があったと考察した場合は，意図的にその点を無視して近似線を引くことも重要であろう。このように，近似線の形を考えることは，既に考察の一部を行っていることであるという認識を持ってほしい。

(9) 図番号と図キャプション

完成したグラフには図番号と図キャプションを付加する。グラフは図に含まれるため，グラフの下側にこれらを記述する。また，グラフ用紙の余白領域にはみ出ないよう注意する。

キャプションの内容は，グラフの持つ意味に注目して決める。図 6.6 の例では「電圧と電流の関係」としているが，「オームの法則の実験結果」のようなキャプションも良いだろう。「実験 1 の結果」のような，それ自身にあまり意味を持たない名前の付け方は良くない。なお，制御変数を横軸に，従属変数を縦軸にしたグラフを作成した場合に，日本語では「横軸 – 縦軸 特性」といった順番でキャプションを付けるが，英語では「縦軸 – 横軸 特性」の順番とするため，図 6.6 の例では “Relationship between current versus voltage.” のようなキャプションとなる。

6.2　トランジスターの基礎実験

電子系技術者にとって，トランジスターは「3 本足の魔法使い」である。これをマスターしよう。本節の実験ではトランジスターの特性と使い方を学び，応用を体験する。

6.2.1　トランジスター入門

トランジスターは「伝達用抵抗 (transistor：**tran**sfer re**sistor**)」から名が付けられた便利な基本素子である。図 6.8 にトランジスターの外観を示す。

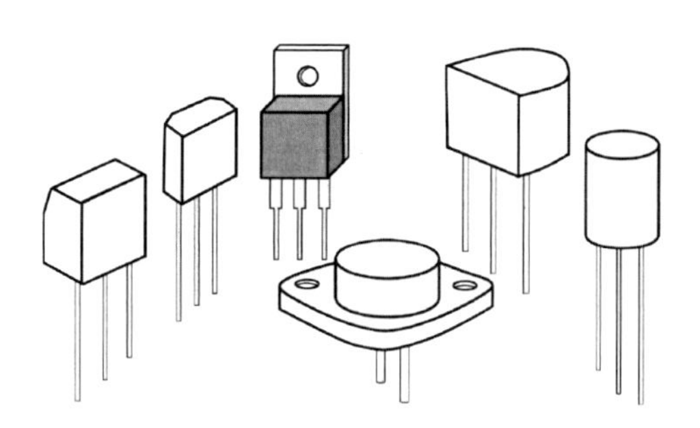

図 6.8　トランジスターのパッケージ種類

実験 1　テスターを用いて，図 6.9 に示すトランジスター (2SC1815) の各 2 本の足間の抵抗値を測定せよ。また，測定結果よりトランジスターの内部を推測し，図 6.10 の円内に記入せよ。

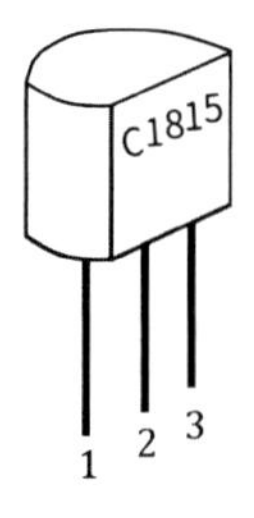

図 6.9　トランジスターの外観

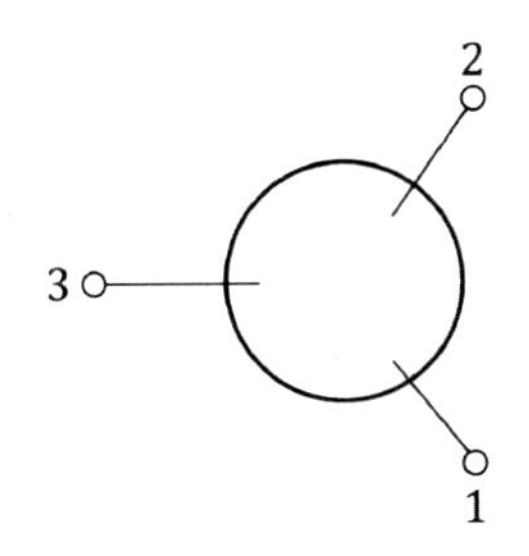

図 6.10　トランジスターの内部

6.2.2 トランジスターの $V-I$ 特性

(1) トランジスターの記号

トランジスターをテスターで調べると，図 6.11(a) のようになっていることが推察される。一般にトランジスターの記号は，約束によって図 6.11(b) のようになる。トランジスターの端子 1，2，3 は，それぞれ **E（emitter：エミッタ）**，**C（collector：コレクタ）**，**B（base：ベース）** という。

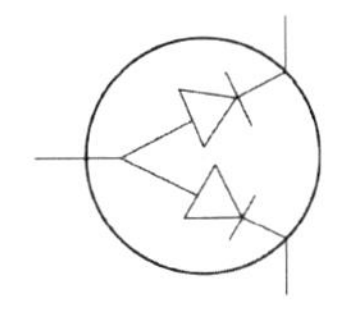

(a) 推察したトランジスターの内部

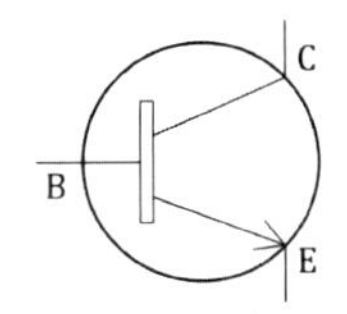

(b) トランジスターの図記号

図 6.11　トランジスターの各 2 本の足間の抵抗値測定結果

トランジスターは PNP 型と NPN 型の 2 種類がある。表 6.2 にトランジスターの分類およびトランジスターの図記号を示す。

表 6.2　トランジスターの分類および図記号

	PNP 型	NPN 型
高周波用	2SA ○○○△	2SC ○○○△
低周波用	2SB ○○○△	2SD ○○○△
トランジスター図記号		

(2) トランジスターの $V-I$ 特性の測定

ダイオードの $V-I$ 特性と同様にしてトランジスターの $V-I$ 特性を調べる。ダイオードの端子は2本であるが，トランジスターは3本であるため，任意の2本を選んで測定すると，図6.12のような結果を得る。

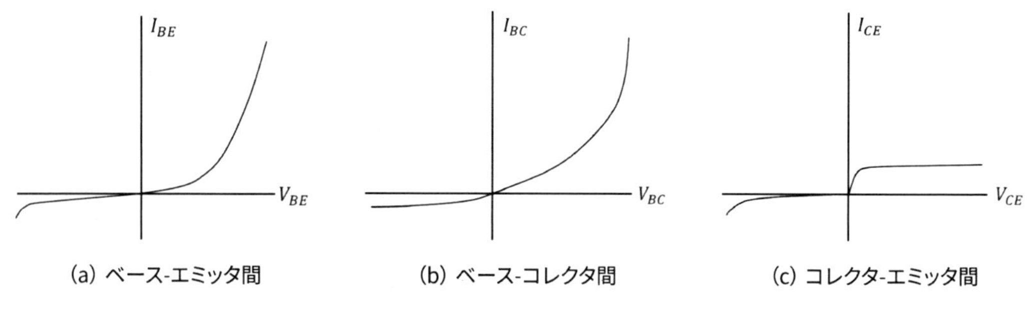

図6.12　トランジスターの $V-I$ 特性

この測定にあたっては，トランジスターの2端子を選び残りの端子は開放しているが，この開放端子に外部から電流を流して測定すると，図6.12の結果は変化する。すなわち，この外部から流す電流を変えることにより，特性が変わることになる。この外部から流す電流つまり第3の変数（正確には媒介変数）のことを，**パラメータ** (parameter) と呼ぶ。

トランジスターの特性は，2本の端子およびパラメータの選び方によって非常に多くの特性カーブが得られるため複雑になり，わかりにくくなる。そこで，わかりやすくするため，「コレクタ－エミッタ間の電圧とコレクタに流れる電流の関係（ただしパラメータはベース電流とする）」を**出力特性**と呼び，頻繁に使用する。トランジスターの出力特性を測定する回路の例を図6.13に示す。

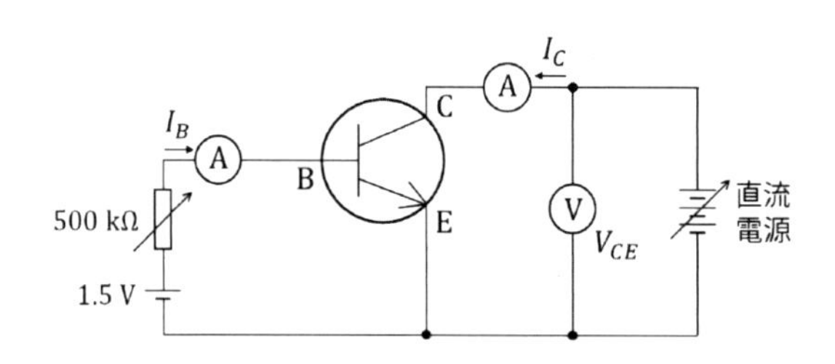

図6.13　トランジスター出力特性測定回路例

実験2　ベース電流 I_B をパラメータとして I_B =0 μA，10 μA，20 μA，. . . ，100 μA とし，コレクタ－エミッタ間電圧 V_{CE} を変化させたときのコレクタ電流 I_C の変化を測定し，グラフに図示せよ。(図6.14の左図を参照)

実験3　実験2の結果からコレクタ－エミッタ間電圧 V_{CE} をパラメータにして，ベース電流 I_B とコレクタ電流 I_C の関係をグラフに図示せよ。(図6.14の右図を参照)

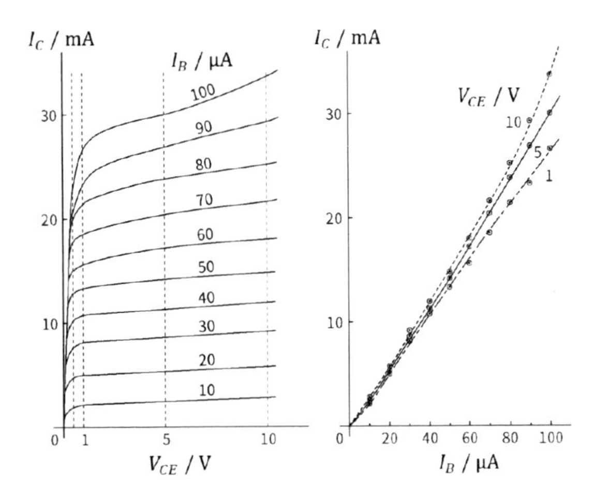

図 6.14 実験 2 と実験 3 のプロット例

(3) トランジスターの増幅作用

実験 3 から，ベース電流 I_B に比べてコレクタ電流 I_C は非常に大きいことがわかる。例えば，I_B =0 μA のとき I_C = 0 A であったが，I_B =10 μA のとき I_C=3 mA になった。このことは，I_B がわずかに増えたとき I_C が大幅に増加したものと考えられる。つまり電流が増幅したことになる。この倍率は

$$h_{FE} = \frac{I_C}{I_B} = \frac{3000\ \mu\text{A}}{10\ \mu\text{A}} = 300$$

倍で，h_{FE}の ことを**直流電流増幅率**という。h は 2 端子対回路網におけるハイブリッドパラメータであり，添字の F(Forward) は入力から出力へ，E はエミッタ (Emitter) 接地を示し，F と E の大文字は直流を意味している。

電子回路のハイブリッドパラメータの書き方によると，エミッタ接地回路では，ベースから流れ込む電流を I_B，（エミッタに対する）ベース電位を E_B，コレクタから流れ込む電流を I_C，（エミッタに対する）コレクタ電位を E_C とすると

$$\begin{bmatrix} E_B \\ I_C \end{bmatrix} = \begin{bmatrix} h_{IE} & h_{RE} \\ h_{FE} & h_{OE} \end{bmatrix} \begin{bmatrix} I_B \\ E_C \end{bmatrix}$$

と書ける。ここで電流の比率のみに注目すると，$h_{FE} = \frac{I_C}{I_B}$ である。

(4) バイアス

トランジスターは，入力電流 (I_B) に対して出力電流 (I_C) が大きく増加する。したがって，I_B に信号を入力すると，I_C として大きな信号が得られる。図 6.15 は，I_C − I_B の関係のグラフに入力信号と出力信号を描いたものである。入力信号の中心線を基準線とし，次の 3 通りを例示した。

1) 基準線が I_B= 0 にあり，信号の半分だけが増幅されている
2) 基準線が I_B=小であり，信号の一部が増幅されていない

3) 基準線が I_B=適切であり，全信号が増幅されている

上記の基準線に設定した I_B を**バイアス** (bias) という。このバイアスは，一定の直流電流を流すことにより得られる。

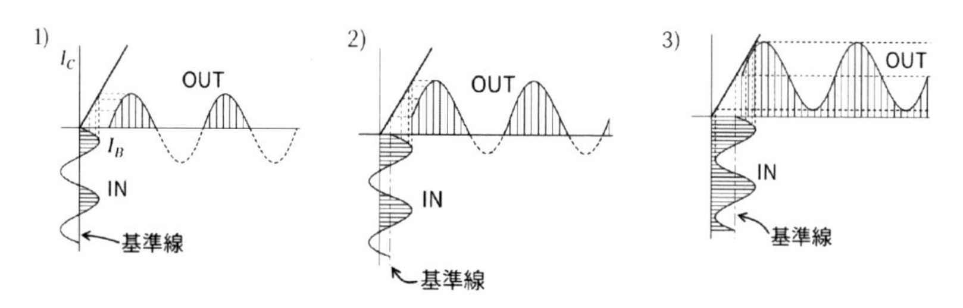

図 6.15　I_B の大小による入出力特性

6.2.3　トランジスター増幅回路

(1) 交流増幅回路

ここでは，トランジスター増幅回路のうち，CR 結合形について，回路の設計法およびその増幅特性を理解する。図 6.16 に，簡単な増幅回路を示した。本項ではこの回路を基本にして，部品を追加したり，部品の値を決定したりする方法を学ぶ。

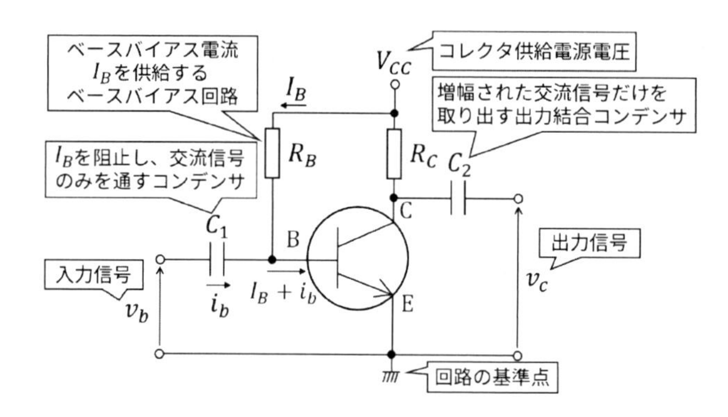

図 6.16　最も簡単なエミッタ接地形 CR 結合交流増幅回路

演習 1　各種バイアス法について調べよ。

演習 2　結合方式について調べよ。

(2) トランジスター回路の設計

[1] 簡易設計法

エミッタ接地トランジスター増幅器を図 6.17 のように書いたとき，それぞれの素子の値を次の通り求めてゆく。コレクタ電圧 V_C と R_C における電圧降下が等しいとき，最大出力電圧が得られる。

$$V_C = \frac{V_{CC}}{2},\ I_C = \frac{V_C}{R_C} = \frac{V_{CC}}{2R_C}$$

$$\therefore R_C = \frac{V_{CC}}{2I_C}\ \left(R_C : 2\ \mathrm{k\Omega} \sim 5\ \mathrm{k\Omega}\right)$$

$$I_B = \frac{V_{CC}}{2R_C\beta} \quad \text{ただし } \beta = \frac{I_C}{I_B},\ R_B = 2R_C\beta$$

$$C_1 \geq \frac{1}{\omega R_{IN}} \omega = 2\pi f \qquad f\text{：下限周波数（例：50 Hz）}$$

$$\frac{1}{R_{IN}} = \frac{1}{R_B} + \frac{1}{R_i} \qquad R_i\text{：トランジスターの入力インピーダンス}$$

$$C_2 \geq \frac{1}{\omega R_C}$$

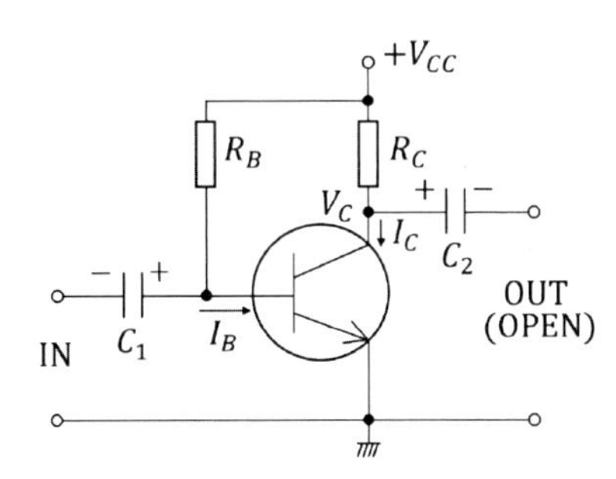

図 6.17　簡易設計実験で使用する回路

演習 3　簡易設計法により回路を設計し，各素子の回路定数の値を求めよ。

実験 4　演習 3 により求めた回路定数を用いて回路を組み立て，設計した回路の特性を測定せよ。

[2] バイアスの安定化

トランジスターの特性は温度により変化する。$V_{CE} - I_C$ 特性の平行曲線の間隔や傾きは，温度によって広がったり縮まったりする。したがって，電流増幅率 h_{FE} や出力抵抗 R_{OUT} 等も温度によって複雑に変化する。1 個のトランジスターでも温度によって変化するため，多くのトランジスターを用いた回路になると安定した回路設計は困難となる。そこで，適当にバイアス回路を安定化し，温度が変化しても，また他のトランジスターに取り換えても安定に動く範囲に留まるようにしておく必要がある。これは，**ネガティブフィードバック**により解決される。

図 6.17 と図 6.18 は，エミッタに R_E と C_E，ベースと GND 間に R_A が入っているという点が異なっている。B 点の電圧 V_B は V_{CC}（一定）を R_A と R_B で分圧したもので，固定した電圧となる。エミッタの電圧を V_E とすると，トランジスターのベースとエミッタの電圧 V_{BE} は，次式となる。

$$V_{BE} = V_B - V_E$$

この V_{BE} がベース電流を流し，バイアス電圧となる。いま，温度上昇等によりエミッタ電流が増加したとすると，$V_E = R_E \cdot I_E$ から V_E が増加するため，結果として V_{BE} が減少し，ベース電流も減少する。したがって，コレクタ電流の増加が抑えられることにより，動作が安定化する。ただし，入力信号（交流）に対して負帰還作用が生ずると，信号の増幅が妨げられるので，これを防ぐため R_E に対して並列に十分大きなコンデンサーを入れて交流に対する V_E を 0 とする。これを**バイパスコンデンサー** (bypass capacitor, or by-path condenser) という。

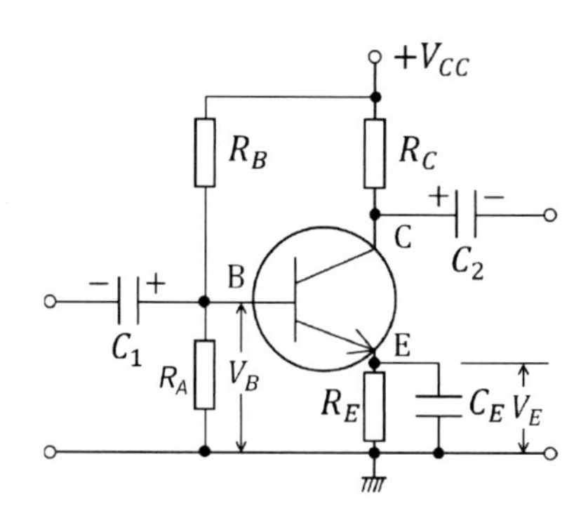

図 6.18　動作を安定化した増幅回路

[3] 実用的設計法

[3-1] 設計条件

以下の条件にて増幅回路の設計を行う。

条件 1：使用トランジスター：2SC1815

条件 2：V_{CC}=（　　　　）V

条件 3：R_C=（　　　　）kΩ

条件 4：入力信号電圧が一定のとき，次段 (R_i) への出力が最大であること。

条件 5：波高値 2 V(V_{P-P}= 4 V) の出力信号電圧が無歪で得られること。

条件 6：電流安定係数 S は，$S \leqq 10$ であること（電流安定係数とはコレクタ遮断電流に対するコレクタ電流の比で，値が低いほど安定していることを示す)。

[3-2] 設計回路

ここでは図 6.19 の回路を用いて実用設計を行う。

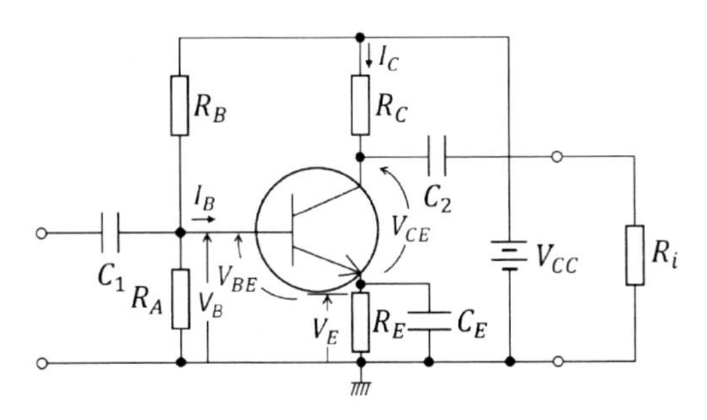

図 6.19　実用的設計法を用いた設計回路図

[3-3] 設計手順

手順 1：交流負荷 R'_L を決定する。

$$R'_L = \frac{1}{\frac{1}{R_C} + \frac{1}{R_i}} = (\qquad\qquad) \text{k}\Omega$$

ただし，設計条件 4 から $R_L = R_i$

手順 2：動作点の決定

トランジスターの出力特性曲線において，波形歪を生じる範囲（約 $V_{CE} < 0.5$ V，$I_C = 0.5$ mA）を除き，出力信号電圧の動作範囲が設計条件 5 を満たすように**交流負荷線**を引き，動作点 Q を決める。

I_C=（　　　　　）mA
I_B=（　　　　　）μA
V_{CE}=（　　　　　）V

手順 3：R_E の決定

図 6.20 で，V_{CE}=V_{CC}，I_C=0mA の点 (A) と動作点 Q とを結ぶ直線（**直流負荷線**）を

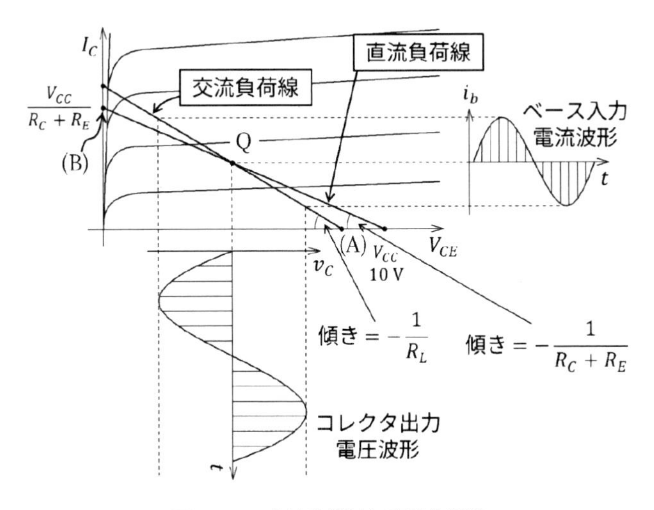

図 6.20　交流負荷線と直流負荷線

引く。この直流負荷線から点 (B) の $I_C\,(B)$ を求め，R_E を算出する。

$$R_E = \frac{V_{CC}}{I_C\,(B)} - R_C = (\qquad\qquad)\ \mathrm{k\Omega}$$

また，$I_C \fallingdotseq I_E$ とすると V_E は

$$V_E \fallingdotseq R_E \cdot I_C = (\qquad\qquad)\ \mathrm{V}$$

手順 4：$\beta(h_{FE})$ の決定

動作点付近の電流増幅率 β を $I_B - I_C$ 出力特性曲線から求める。

$$\beta = \frac{\Delta I_C}{\Delta I_B} = (\qquad\qquad) \qquad (V_{CE} = \text{一定})$$

手順 5：R_A，R_B の決定

この回路の**電流安定係数** S は次式で与えられる。

$$S = \frac{1 + \frac{R_g}{R_E}}{1 + \frac{1}{1+\beta} \cdot \frac{R_g}{R_E}}$$

ただし，$R_g = \frac{R_A \cdot R_B}{R_A + R_B}$

$$R_g = (\qquad\qquad)\ \mathrm{k\Omega}$$

$$V_B = V_{BE} + V_E = (\qquad\qquad)\ \mathrm{V}$$

$$V_B = \frac{R_A}{R_A + R_B} \cdot V_{CC} - R_g \cdot I_B$$

$$\therefore \frac{R_A}{R_A + R_B} = \frac{V_B + R_g \cdot I_B}{V_{CC}} =$$

$$R_A = (\qquad\qquad)\ \mathrm{k\Omega},\ R_B = (\qquad\qquad)\ \mathrm{k\Omega}$$

手順 6：C_1, C_2, C_E の決定

C_1, C_2 は，簡易設計法の実験時に得た値の電解コンデンサーを使用する。

$$C_1 = (\qquad\qquad)\mu\mathrm{F}$$

$$C_2 = (\qquad\qquad)\mu\mathrm{F}$$

C_E は**低域遮断周波数**を f_L とすれば，近似的に次式にて与えられる。

$$C_E = \frac{h_{FE}}{2\pi f_L \left(R_g + h_{IE}\right)} = (\qquad\qquad)\mu\mathrm{F}$$

$$\frac{1}{R_g} = \frac{1}{R_A} + \frac{1}{R_B}$$

$$h_{IE} = R_i$$

$$h_{FE} = \beta$$

演習 4　実用的設計法により回路を設計し，回路定数（各素子）の値を求めよ。

実験 5　演習 4 より求めた回路定数を用いて回路を組み立て，設計した回路の特性を測定せよ。

[3-4] 結線および設計値の確認

設計値に近い値の抵抗素子を用いて図 6.21 の回路を結線し，バイアスが適切であるかを確認する。大幅なずれがあれば，素子の値を替えて調整する。I_C，I_B のほか，V_{CE}，V_E，V_B も測定する。

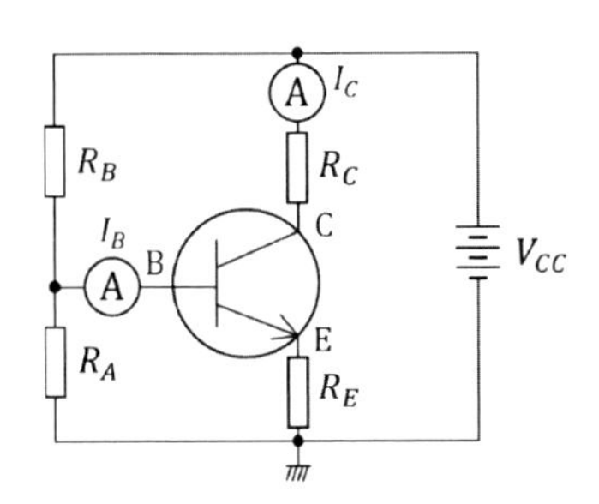

図 6.21　動作点の確認

[3-5] 測定項目

1) 入力信号 1 kHz における入力電圧および出力電圧を測定する。
2) 上記の測定結果より，適切な入力信号電圧を定め，周波数を変化させて出力電圧を測定する。

[3-6] 検討事項

1) 素子の設計値と実際の値を比較検討する。
2) 動作点が適切であったか，設計条件 5 と関連させて検討する。
3) 利得（ゲインのことで，単位に dB を使う）の周波数特性について検討する。

6.2.4 発振回路

(1) 発振の原理

[1] 増幅器

図 6.22 の交流系のみを示した増幅回路では，入力電圧 e_i の瞬時値のベース側がプラス (+) のとき，出力電圧はコレクタ側がマイナス (−) となる。これは，入力と出力は 180° 位相が異なることによる。

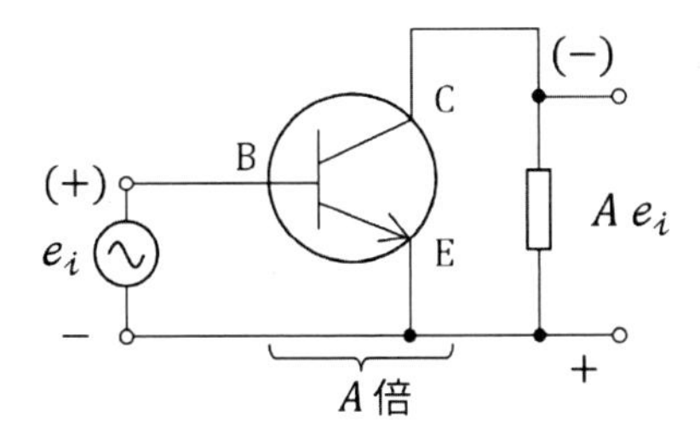

図 6.22　交流系のみを示した増幅回路

[2] 負帰還 (negative feed back)

図 6.22 の増幅回路の出力側に図 6.23 のように $n:1$ のトランスを入れると，トランスの 2 次側に $(A/n)\,e_i$ の電圧が出てくる。入力電圧 e_i の瞬時値のベース側がプラス (+) のときトランスの 2 次側はマイナス (−) となり，この出力を入力に加える（図 6.23 の破線）と，互いに逆相のためあたかも増幅度の小さい増幅器になる。これを**ネガティブフィードバック（負帰還）増幅器**という。

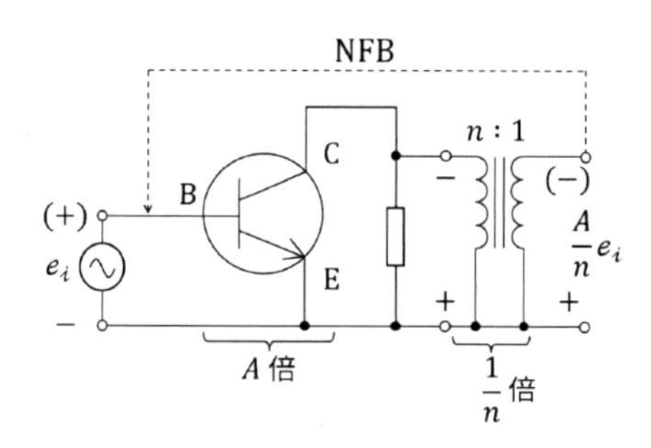

図 6.23　負帰還増幅回路

負帰還の場合の総合増幅度は，次式で与えられる。

$$A_{nfb} = \frac{A}{1+\frac{A}{n}}$$

$n = A$ の場合

$$A_{nfb(A=n)} = \frac{A}{2}$$

[3] 正帰還 (positive feed back)

図 6.24 において，トランスの 2 次側は入力と同位相になっている。その出力を図 6.24 の破線のように入力側に戻す（帰還する）と，同相のため入力が増し，それがさらに増幅される。結果として増幅が過大になり，**発振現象**となる。ほどよい正帰還の場合，効率の高い正帰還増幅器となり，ある程度を超すと**発振器**となる。

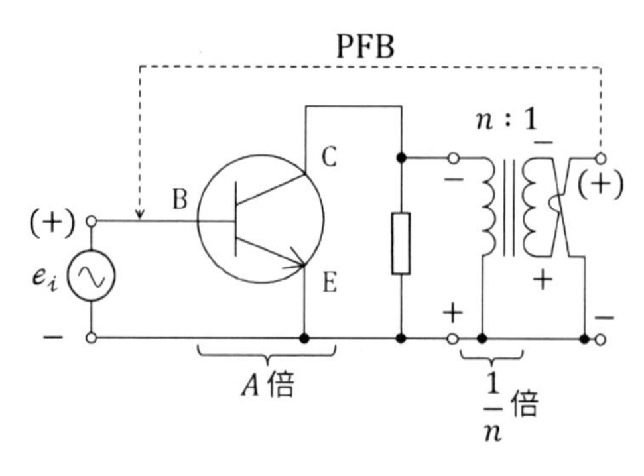

図 6.24　正帰還増幅回路

正帰還の場合の総合増幅度は，次式で与えられる。

$$A_{pfb} = \frac{A}{1 - \frac{A}{n}}$$

$n = A$ の場合

$$A_{pfb(A=n)} = \infty \text{（発振）}$$

(2) 発振周波数

図 6.24 の回路では，外部の発振器から信号を入力し無限大の増幅（発振）にしている。実際には，この入力信号の役割を果たすのは，トランジスター自身の雑音やスイッチを入れたときのショック電圧である。これらの波形は非常に多くの周波数成分から成っているため，希望の発振周波数が必要なときは，途中にフィルター（濾波器：特定の周波数成分のみを通し，他は減衰させるもの）または共振回路を入れればよい。

(3) 簡単な発振回路

[1] メトロノーム

図 6.25 の回路においてコンデンサー C_F を 100 μF にすると，C_F の充電時間が変わり断続的になる。時間は可変抵抗 R_{B2} の抵抗値を調整する。

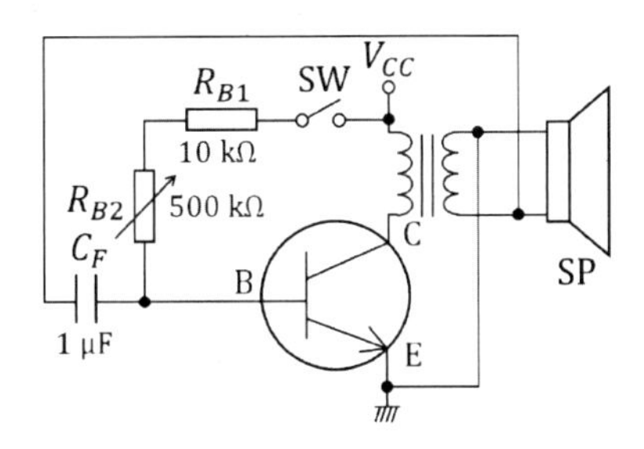

図 6.25　簡単な発振回路例

[2] サイレン

1) 図 6.26 の回路においてスイッチ (SW) を ON にすると，抵抗 R_{B1} を流れる電流はトランジスターのベースに流れるとともにコンデンサー C_1 を充電する（音が低音から高音に変化）。
2) コンデンサー C_1 に充電が完了すると，音の高さが一定になる。
3) スイッチ (SW) を OFF にするとコンデンサー C_1 の充電電圧が抵抗 R_{B2} を通して放電される（高音から低音に変わる）。

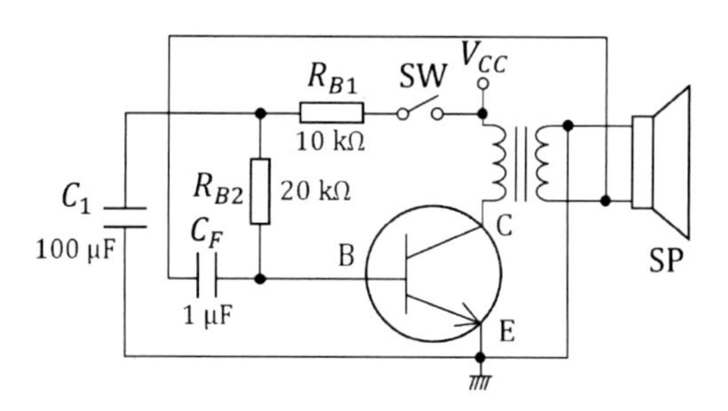

図 6.26　サイレン回路

[3] ゲームサウンド

抵抗 R_B がサイレン回路と比べて小さいため，ベース電流 I_B が大きく，発振周波数が高くなる。また，サイレン回路の抵抗 R_{B1} もないため，コンデンサー C_1 の充電が早い。スイッチ (SW) のオンとオフを早くするとゲームサウンドが作れる。

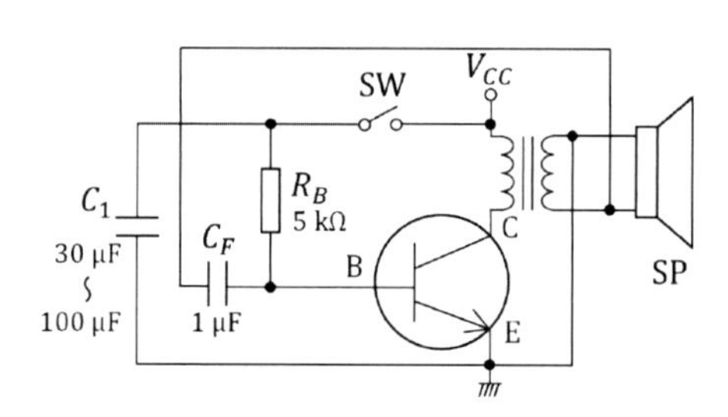

図 6.27　ゲームサウンド回路

(4) LC 発振回路

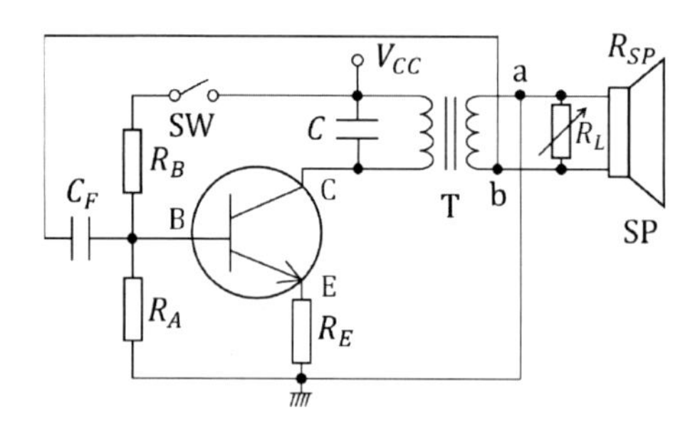

図 6.28　LC 発振回路

R_B, R_E：増幅器の設計参照。

C：発振周波数 f は次式にて決まる。

$$f \fallingdotseq \frac{1}{2\pi\sqrt{LC}}$$

ただし，L は T（トランス）の１次側の値（実験により求める）。
R_L：トランス T の２次側の値を Z_2 とすると，$Z_2 \ll R_L$，ただし，R_{SP} はSP（スピーカー）のインピーダンス。
C_F：直流阻止コンデンサーで，発振周波数に対して十分に小さくする。(数 100 μF～数 μF)

なお，発振しない場合は，T（トランス）の a，b を入れ換える。

(5) RC 発振回路

[1] 並列 R 形３段式

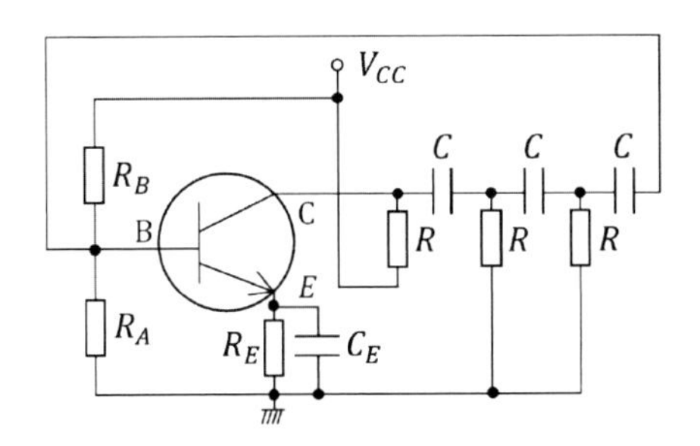

図 6.29　並列 R 形３段式 RC 発振回路

発振周波数　$f \fallingdotseq \dfrac{1}{2\pi\sqrt{6}RC}$

[2] 並列 C 形３段式

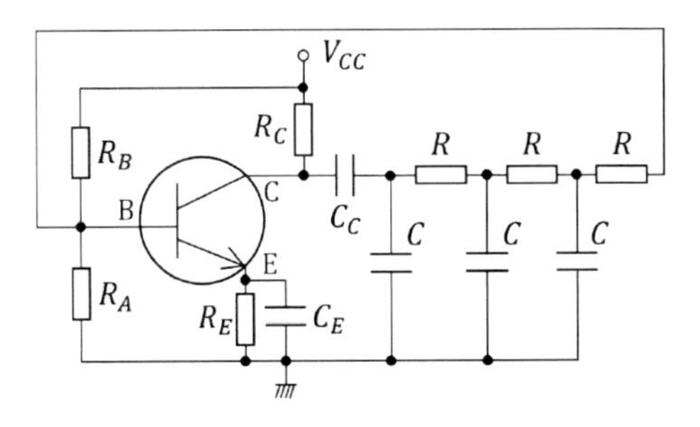

図 6.30　並列 C 形３段式 RC 発振回路

発振周波数　$f \fallingdotseq \dfrac{\sqrt{6}}{2\pi RC}$

[3] 設計上の注意

次の通りである。

1) R_A，R_B，(R_C)，R_E，C_E：増幅器の設計参照されたい。
2) C_C：$\omega C_C \ll R$ となるように注意する。
3) 負荷インピーダンス：発振器に対して十分大とする。
4) 発振器に必要な増幅度：30 倍以上とする。

演習 5　発振器の種類とその特徴について調べよ。

演習 6　簡単な発振器を製作し，動作機構を確認せよ。

演習 7　発振器を設計し，実験により確認せよ。具体的には発振周波数を確認し，計算値と実験値の違い等を観察する。

6.3　トランジスターによる増幅回路

6.3.1　目的

npn トランジスターを用いたエミッタ接地増幅回路の周波数特性を測定し，トランジスター増幅回路について理解を深める。

6.3.2　概要

この実験では，トランジスター増幅回路のコンデンサーの影響を実験的に調べて考察し，次に高周波用，低周波用それぞれのトランジスターの影響を観察し，考察する。ビデオ信号には DC〜4 MHz の範囲で十分なゲインが必要であり，オーディオ信号を高品質に再生するには 20 Hz〜20 kHz の周波数帯域が必要である。そこで，実際のトランジスター増幅器での特性を，この要求に対して満足すべきものかどうかを実験して，その結果から考察する。

典型的なエミッタ接地増幅器の電圧利得 G の周波数による変化のグラフを描いてみると，低周波域と高周波域で利得（ゲイン；Gain）の減衰が見られる。この実験で調べるトランジスター (BJT: Bipolar Junction Transistor) ではベース－コレクタ間に高い静電容量があるほか，配線には常に**寄生容量**（ストレ：Stray Capacitor）がある。これらは高周波特性に影響して，増幅器のゲインを低下させる。

エミッタ接地増幅器は典型的な RC 結合増幅器であるため，カップリングコンデンサーと，自己バイアス回路のエミッタ接地バイパスコンデンサーがある。これらは低周波特性に影響する。

6.3.3　実験

図 6.31 に実験で使用するエミッタ接地回路を示した。ファンクションジェネレータで正弦波を発生し，これを入力 $v_i(t)$ とする。この入力信号と，出力信号 $v_o(t)$ を 2 チャンネルオシロスコープで同時に観測する。

はじめはファンクションジェネレータの振幅を小さく設定して出力波形を観察する。入力振幅を大きくすると，出力波形が正弦波から歪み波へと変化するので，歪む振幅の半分ほどを目安に，入力振幅を設定する。

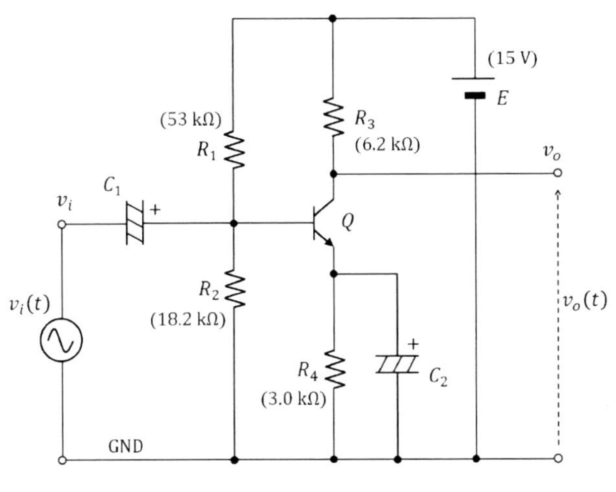

図 6.31　エミッタ接地増幅回路

6.3.4　使用機器と注意事項

ファンクションジェネレータ，オシロスコープ，安定化電源，ならびに次に示す素子を用意する。アナログ高周波特性を計測することから，ブレッドボードは推奨しない。

$R_1 = 53\ \mathrm{k\Omega}$，$R_2 = 18.2\ \mathrm{k\Omega}$，$R_3 = 6.2\ \mathrm{k\Omega}$，$R_4 = 3.0\ \mathrm{k\Omega}$，

$C_1 = 22\ \mu\mathrm{F}$，$C_2 = 100\ \mu\mathrm{F}$　左記のコンデンサーを標準とし，適宜指示する。

Q = 2SC1740，2SD467

注意事項

1) コンデンサーの接続は，極性（＋の指定がある）に注意すること。
2) 回路の組み換えのとき，電源は切ること。
3) ファンクションジェネレータ出力は TTL レベルではなく，アナログレベルを使用すること。

6.3.5　準備

実験ノート，関数電卓，片対数グラフ，実験室備え付けのトランジスターのピン配置図，データシートを手元に置く。すべて事前に使い方を確かめておく。

6.3.6　実験

実験 1（周波数特性の計測）

$C_1 = 22\ \mu\mathrm{F}$，$C_2 = 100\ \mu\mathrm{F}$，Q = 2SC1740 を使って，回路を組み立てる。まず，ファンクションジェネレータの出力を 5 kHz の正弦波とし，回路出力が歪まないように入力信号の振幅を調節する。このときの波形を観察し記録する。

次にファンクションジェネレータの周波数を 10 Hz〜1 MHz まで変化させ，ゲイン

$$G\left(f\right) = \frac{|v_o|}{|v_i|} \tag{6.1}$$

を観察して記録する。このとき，入力振幅を一定にすると計測がしやすい。波形の歪みがないこ

とを確認すること。入力および出力は信号のピークツーピークを計測してよい。波形においては，位相の遅れも観察する。周波数は 1, 2, 5 系列で計測してゆき，特徴的な部分は細かく計測する。逐次，電卓を使いながらデシベル変換をして，片対数グラフに記入する。

実験 2（高周波特性）

Q = 2SD467 を使って，実験 1 と同じ観測を行う。ベース－コレクタ間の容量が変化するため，実験 1 の結果と比較して，グラフを作る。

実験 3（低周波特性-結合コンデンサーの影響）

C_1 = 33 μF，C_2 = 1000 μF，Q = 2SC1740 を使って，回路を組み立てる。C_1 = 33 μF，3.3 μF，0.33 μF の 3 通りの計測を行い，低周波特性の比較をする。実験 1 と同じ方法で実施するが，測定周波数上限を 10 kHz とする。

実験 4（低周波特性-バイパスコンデンサーの影響）

C_1 = 100 μF，C_2 = 3.3 μF，Q = 2SC1740 を使って，回路を組み立てる。C_2 = 3.3 μF，33 μF，330 μF の 3 通りの計測を行い，低周波特性の比較をする。実験 1 と同じ方法で実施するが，測定周波数上限を 10 kHz とする。

6.3.7　結果の整理

1) 実験 1 の入出力波形を図示して，結果にひずみがないことを示す。
2) 実験 1，2 の結果を比較して，高周波特性の違いを観察して考察する。
3) 実験 3，4 の結果を比較して，C_1，C_2 が低周波特性に及ぼす影響を観察して考察する。

6.4　オペアンプによる増幅回路基礎

6.4.1　目的

反転増幅回路および非反転増幅回路の周波数特性を測定し，高周波信号に対して利得が低下することを確認し，その理由について考察する。

6.4.2　原理

原理の詳細は，第 4 章と第 5 章の該当部分を参照のこと。

6.4.3　使用機器と注意事項

ファンクションジェネレータ，オシロスコープ，安定化電源 2 台，オペアンプ μA741，ほか抵抗，コンデンサーなどの素子一式を準備する。アナログ高周波特性を計測することから，ブレッドボードは推奨しない。

注意事項

1) コンデンサーの接続は，極性（＋の指定がある）に注意すること。

2) 回路の組み換えのとき，電源は切ること。
3) ファンクションジェネレータ出力は TTL レベルではなく，アナログレベルを使用すること。

6.4.4　準備

実験ノート，関数電卓，片対数グラフ，実験室備え付けのオペアンプのピン配置図，データシートを手元に置き，すべて事前に使い方を確かめておく。

6.4.5　実験

実験 1（反転増幅器）

図 6.32 の回路の周波数特性を計測する。

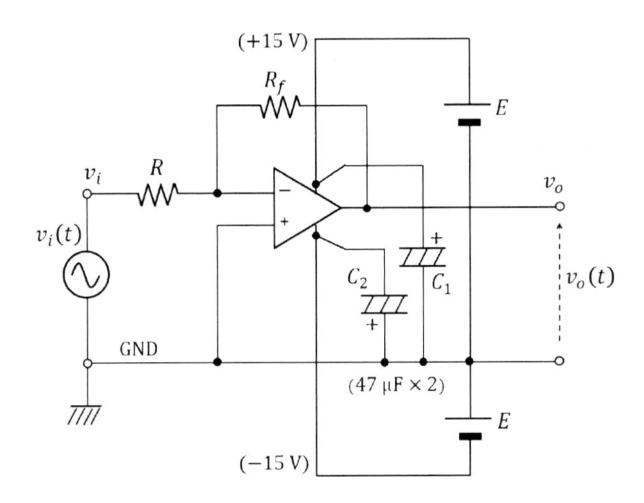

図 6.32　反転増幅器

$R = 10\ \text{k}\Omega$，$R_f = 100\ \text{k}\Omega$ を使って，回路を組み立てる。まず，ファンクションジェネレータの出力を 5 kHz の正弦波とし，回路出力が歪まないように入力信号の振幅を 100 mV 以下に調節する。このときの波形を観察し記録する。

次に，入出力特性について，ファンクションジェネレータの周波数を 100 Hz～1 MHz まで変化させ，ゲイン

$$G(f) = \frac{|v_o|}{|v_i|} \tag{6.2}$$

を観察して記録する。このとき，入力振幅を一定にすると計測がしやすい。波形の歪みがないことを絶えず確認すること。入力および出力は信号のピークツーピークを計測してよい。波形においては，位相の遅れも観察する。周波数は 1，2，5 系列で計測してゆき，特徴的な部分は細かく計測する。逐次，電卓を使いながらデシベル変換をして，片対数グラフに記入すること。なおフィードバック抵抗は $R_f = 100\ \text{k}\Omega$，$1\ \text{M}\Omega$ の 2 通り実験すること。

実験 2（非反転増幅器）

図 6.33 の回路の周波数特性を計測する。

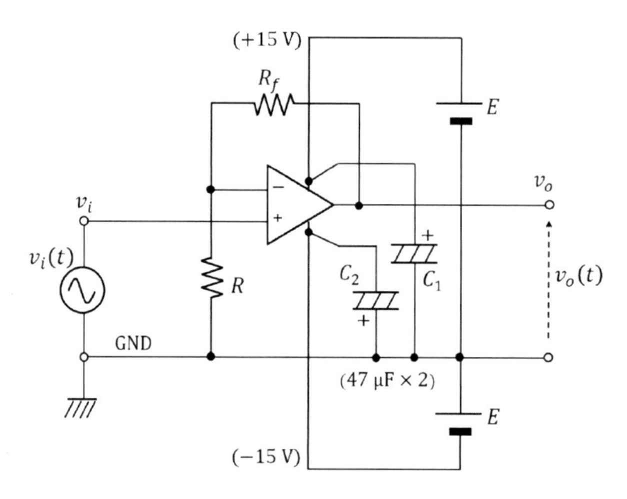

図 6.33　非反転増幅器

$R = 10\ \text{k}\Omega$，$R_f = 100\ \text{k}\Omega$ を使って，回路を組み立てる。まず，ファンクションジェネレータの出力を 5 kHz の正弦波とし，回路出力が歪まないように入力信号の振幅を 100 mV 以下に調節する。このときの波形を観察し記録する。

実験 1 と同様に，入出力特性について，ファンクションジェネレータの周波数を 100 Hz～1 MHz まで変化させゲイン $G(f)$ を観察して記録する。逐次，電卓を使いながらデシベル変換をして，片対数グラフに記入すること。なおフィードバック抵抗は $R_f = 100\ \text{k}\Omega$，$1\ \text{M}\Omega$ の 2 通り実験する。

6.4.6　考察と課題

実験 1，2 ともに，低い周波数帯域では，理論通りのゲインを持つことを確認する。また，高い周波数帯では，ある周波数で極を持つような形状になるため，ゲインは右肩下がりになる。この勾配から，利得・帯域幅積（Gain Bandwidth product：GB 積）を求めること。

そもそもオペアンプは，極周波数より高い帯域で利得が減少するロールオフ (roll off) が発生する。それぞれ dB/octave あるいは dB/decade の単位で表すと，どのような割合でゲインが下がるか。実験結果から読み取るとともに，理論との関係を考察しなさい。次に，オフセット電圧とはどのようなものか，また，これに対する対策はどのようなものがあるかを考察し，具体的な方策を述べなさい。

6.5　センサと電子回路基礎実験

6.5.1　目的

物理現象を検知する仕組みと，典型的な電子回路を，部品ブロックを組み合わせる方法で実験する。回路設計を実験授業で行うためには，ブレッドボードを使うよりも，ブロックでの回路経験が効果的である。電子回路をワクワクしながら体験し，引き込まれるように学び，できれば独自に改良した回路を試すなどのアクティブラーニングが効果的である。ここではまずセンシングを課題とした回路体験を目的とする。

（教材に関する補足）

本実験では大人の科学シリーズとして復刻版として学研が販売した電子ブロック150と光実験60を使った実験を紹介する。もし個人自習をするのであれば，これらのキットはネットショッピングサイトやオークションサイトで流通しているので，そちらから購入されたい。もしこれから本実験をカリキュラムに組み込むのであれば，1960年代から子供向けに販売されて爆発的な売れ方をした「電子ブロック」,「電子ボード」,「マイキット」の復刻版を探すか，（1960年代に電子ブロックを製造した）電子ブロック機器製造株式会社が教材用に特化した電子ブロックを現在でも販売しているので，そちらから購入を検討されたい。後者は教育機関向けで高価な価格設定ではあるが，電子ブロックをはじめ論理回路実験や通信制御など本格的な製品展開をしている。またそのほかにもサイエンス玩具研究所の電脳ブロックや，ロジブロックスのスパイテックなど，SDGsやSTEM教育をうたった教育教材が販売されており，今日では国内外含めると少なくない種類のブロックパーツの実験教材が利用できる。

6.5.2　使用機器

本実験では電子ブロック基本セット（150回路），電子ブロック拡張セット（光実験60回路）を利用する前提で，実験構成例を紹介する。それぞれのセットには回路部品のほか，次の3冊のマニュアルが添付されている。

1) 学研：学研電子ブロックEX-150回路集，学習研究社 (1976)
2) 学研：学研電子ブロック拡張キット光実験60回路集，学習研究社 (2003)
3) 湯本博文：学研電子ブロックのひみつ，学習研究社 (2002)

これらの実体配線図に沿って，下記に抜粋した回路を組み立てて実験を進める。もし，他の実験キットを使う場合には，類似の回路を見つけることができるので，指導者の指示に従うこと。

6.5.3　実験

2人1組になり，次の回路を実験せよ。1人が回路を組み，もう1人が回路をチェックする。役割を交代しながら実施すること。なお，次の各項目で「No.6」などと書いてあるのは電子ブロック基本セットの6番目の回路を表している。添付のマニュアルにその回路図，説明，ブロックの組み方などの説明がある。「拡張セットNo.43」と書いてあるのは，拡張セットの回路番号である。

1. 放送電波を検出する回路
   1－1　ゲルマニウムラジオ（No.6　ダイオード検波ラジオ）
   1－2　1石レフレックスラジオ（No.9　1石抵抗負荷レフレックスラジオ）
   1－3　1石ICアンプラジオ（No.45　1石トランス負荷ICアンプラジオ）
2. 光を検出する回路
   2－1　硫化カドミウムセル（No.103　光線警報機の原理回路2）

2－2　光検出器（No.104　光があたるとブザー音が出る回路）

2－3　脈拍計（No.150　脈搏計）

3. 抵抗を検出する回路

3－1　うそ発見器（No.30　イヤホン式うそ発見器）

3－2　うそ発見器（No.134　メーター式うそ発見器）

4. 音を検出する回路

4－1　マイクロフォン（No.129　音声レベルメーター）

4－2　音量計（No.141　メーター式音量計）

5. 通信電波を検出する回路

5－1　着信ランプ（拡張セット No.43　携帯電話着信ランプ）

5－2　電波メーター（拡張セット No.44　携帯電話電波メーター）

6. 光通信回路

6－1　光ファイバとフォトトランジスター（拡張セット No.46　光ファイバ通信基本回路）

6－2　動力制御（拡張セット No.47　光ファイバ通信モータ駆動回路）

6－3　音声伝送（拡張セット No.49　光ファイバ通信音声伝送）

7. 自由課題

各自テーマを決めて，マニュアルの回路の中から回路を選択して実験する。

6.5.4　注意事項

1) 部品の破壊に注意すること。
2) マニュアルの記述をよく読むこと。
3) 部品は貸し借りしないこと。
4) 実験終了時には部品を元に戻し，結果を口頭で報告すること。

6.5.5　報告書

1つの回路実験ごとに，回路名，回路図，動作原理，結果，考察を書く。特に結果は詳細に書くこと。また，最後に「全体の考察」を1～2ページの長さで書くこと。

演習課題と考察のヒント

第1章

A 1.1　省略

A 1.2

1) 表より 15 kΩ と 3.3 kΩ の抵抗を並列接続すればよい。
2) 表より 470 kΩ と 100 kΩ の抵抗を並列接続すればよい。

A 1.3

1) $22 \times 10^2\ \Omega \pm 5\ \%$ と読めるので，抵抗値は 2.2 kΩ である。
2) $10 \times 10^{-1}\ \Omega \pm 5\ \%$ なので「茶黒金金」である。
3) 自由に考案してよいが，昔から次のようなニーモニックがある。黒い礼服，茶を一杯，赤いニンジン，第三の男，四季の歌，嬰児（みどりご），青虫，紫七部，ハイヤー，ホワイトクリスマス。

A 1.4　ヒント：加算する 2 つの 2 進数を S1，S2 とする。足した結果は桁上がりも予測されるので，和 A と桁上がり C が出力である。つまり $(S1 + S2) = (CA)$，これを列挙すると次の通りである。

$$(0 + 0) = (00), \quad (0 + 1) = (01),$$
$$(1 + 0) = (01), \quad (1 + 1) = (10)$$

よって，C は S1 と S2 の論理積，A は S1 と S2 の排他的論理和である。

A 1.5　ヒント：電圧源とスイッチの類似性，および電流源とスイッチの類似性を考える。

A 1.6　ヒント：そこまで硬く考えなくてもよい。むしろスイッチを閉じた瞬間から過渡現象が始まるので，定常解と過渡解を生じさせるために，総合して回路と考えるのが一般的である。

A 1.7　高性能電圧発生器は，抵抗の両端をちょうど 5 V にするであろう。また，高精度電流計では電圧降下がなく，大電流でも測定できるであろう。その結果，抵抗には 2.5 A から 5 A の電流が流れ，抵抗に与える電力は 12.5 W から 25 W である。抵抗の定格電力の 50 倍から 100 倍の電力が加わることで，抵抗は一瞬にして切れるか，運が悪いと火災を起こすであろう。したがって，絶対に抵抗値を測ることはできない。

A 1.8　測定すべき 30 mA を，シャント抵抗に 27 mA，ガルバノメータに 3 mA の割合で分流する。27 mA : 3 mA = 500 Ω : R であるから，これを解いて $R \fallingdotseq 55.6\ \Omega$ を得る。（別解：式 (1.6) を使っても，同じ答えを得る。試されたい。）

A 1.9　例えばヒントとして，次のようなことを語るとよい。「エンジニアさんのうち，システムを作る人と，システムを使う人がいるとしよう。将来，あなたがその「安価なシステム」を設計する立場になるならば，所望の性能を達成するシステムを作るために，設計の勉強をしておくべきです。システムを使う人にとっても，システムの内部を知っておくと，システムを十分に使いこなせるようになるので，スキルアップにつながります。」

本書では設計を学ぶために，組み合わせと工学的な工夫の初歩を述べている。できるだけ明瞭で，それゆえ基本に近い，原理原則に近い題材で学ぶので，初歩から進めば，必ず達成できる。

A 1.10　ヒント：入出力のインピーダンスに着目する。2 段目の分圧器は，入力からのエネルギーを使っていないだろうか。

A 1.11　コンデンサーも抵抗と同じ仕組みで値を表示することが多い。この場合は 10×10^4 pF (±5 %) = 0.1 μF と読める。50 は耐圧が 50 V であることを示している。**ディレーティング** (derating) とは，耐圧に対してフルの値で使わないという設計上の概念である。多くは高温側で 80 % とするので，40 V 以内で設計する。ただ安全サイドで考えるなら 50 % とするのが一般的であり，このときは 24 V 程度以内で使う。ディレーティングは温度の関数としてデータシートに指定があることが多く，これを守るかどうかによって，信頼性に影響が出てくる。

A 1.12　慣れてくるとおおよそ予測ができる書き方である。R は Ω の小数点を，K は kΩ の小数点を，M は MΩ の小数点位置を示しており，順に 330 Ω，4.7 kΩ，1.0 MΩ の意味である。これらはタイプライターで打つときの便宜から生まれた。このほかに 0.1 uF，47MFD などとあれば，それぞれ 0.1 μF，47 μF の意味である。

A 1.13　コイル素子を英語では inductor というが，すでに電流に i が使われていたので I に近い l（エル）の大文字 L にしたというのが定説である。電気の創始研究の時代には，電気の強さ (intensity of electricity) と電気の量 (quantity of electricity) という概念があった。intensity は「強さ」であり，示強変数 (intensive variable) である。これに該当するのが電流であり，頭文字をとって電流 i となった。quantity は「量」であり，これは電荷 q になった。示強変数と対になる示量変数 (extensive variable) は電圧 e である。したがって電圧は（Volt で表される voltage の v でもよいが）多くの場合 e で表すことになった。

なおコンデンサーはドイツ語の Kondensator が由来であり，これが電気の創始研究の時代に「濃縮する」という英単語「コンデンス (condense)」に同一視された。しかし現在ではキャパシター（容量器）と呼ぶことが多く，Capasitor の頭文字 C を使うようになった。

第 2 章

A 2.1　例えば代表的なものに次のものがある。

トンネルダイオード：　江崎玲於奈博士が発明したトンネル効果を利用した負性抵抗を持つダイオード。

バリキャップ： 逆方向バイアスにより可変容量コンデンサーとして使用できるダイオード。
フォトダイオード： 逆バイアスをかけたダイオードに光を当てると，光電流を取り出せるダイオード。
レーザーダイオード： 半導体レーザーとも呼ばれ，半導体の再結合発光を利用した位相の揃った光を発することのできるダイオード。
ショットキーバリアダイオード： 金属と半導体とのショットキー接合の整流作用を利用したダイオードで，逆回復時間が早く，超高速スイッチングができる。遷移電圧が 0.2 V と低いことも特徴である。

詳細は各自で調査されたい。

A 2.2 例えば次の通り。

ダイオードの発明者ははっきりしないが，1900 年代初頭には二極管の真空管と半導体ダイオードはすでに使われていたらしい。2 極の (di) と電極の (electrode) からの造語として diode と命名したのは物理学者のエクルズ (William Henry Eccles) といわれている。真空管はエジソンが特許を取ったとも伝えられ，発見はそれより早いともいわれる。最初の半導体ダイオードの発明は 1874 年に（ブラウン管の語源になった）ブラウン (Karl Ferdinand Braun) によるものというのが定説で，ブラウンは 1899 年に鉱石整流器の特許を取った。

詳細は各自で調査されたい。

A 2.3 たしかに寿命の心配はある。ただ，リレーの逆起電力程度であればダイオードで十分吸収ができ，寿命も問題にならないことが多いという経験的事実がある。もしダイオードの利用を控えるなら，電流の流し始めと流し終わりをゆっくりと推移させるなどの回路が必要だと思われる。

A 2.4 典型的 (typical) の意味であり，標準利用ではこれに従うと安全である。ただし LED は物理現象を利用しているので，安定稼働領域にある程度の幅がある。仕様書を読み，最大許容値を確認するのが設計の鉄則である。

A 2.5 スイッチが開放のとき，R に電流は流れないので A の電位は C_1 に等しく，B の電位は C_2 に等しい。スイッチが導通のときは，A の電位は $v_1 + 0.7$ V で，B の電位は $v_1 - 0.7$ V である。

A 2.6 A，B 入力とも H 論理のとき，電源からの電流が過多になったとすると，トランジスター Q のベース電流は小さいため，T 点から抵抗を介してシャントする必要がある。また A，B 入力のいずれかが L 論理のときはダイオード D_4 が遮断となるため，抵抗がないと T 点の電位が不安定になり出力が不安定になる可能性がある。仮に不安定にならなくとも，T 点から右を見たインピーダンスが高いため（つまり微弱な外来電流でベース電位が大きく変化する），T 点を開放するのは設計として良くない。

A 2.7 せっかくのトランジスターを無駄に使うのはもったいないが，代用はできる。具体的には npn トランジスターのベースとコレクタを接続して pn 構造が作れる。すなわち，ベースとコレクタ接続側をアノード，エミッタをカソードとして使うことができる。実はIC内部のシリコン上では多くのトランジスターが並ぶため，あえてこのような使い方でダイオードを構成することが多々ある。またトランジスターのベース－エミッタ間の遷移電圧を補償するダイオードは，遷移電圧を同じに保たなくてはいけないので，あえてダイオードをトランジスターで作り，熱的に結合させて安定動作させる応用もある。

A 2.8 ヒント：色が変化する場合，多くはフルカラーLEDが使われている。このようなLEDにはRGB（赤・緑・青）のダイオードが1つのパッケージになっていて，アノードまたはカソードを共通にして4本の端子が出ている。3色の混ざり具合で，様々な色が実現できる。各色の明るさの変化は次の考察課題を参考にせよ。

A 2.9 ヒント：順方向電流を増減させるのは，LEDにとって良くない。そのため明るさ制御にはパルス幅変調(PWM)を使うことが多い。ある周期Tのうち，その一部の時間tだけ光らせることを高速に繰り返すと，明るさはt/T（これを**デューティー比**とよぶ）に比例して見える。このように，電流を流す時間と電流を止める時間の比を変化させるように設計されている。

A 2.10 負荷が3端子レギュレータ出力に，入力以上の異常電圧を加える可能性があるとき，3端子レギュレータ内部の降圧トランジスターがリバース動作になることを防ぐためである。

A 2.11 電子工学の多くの発見は，歴史的な背景がある。例えば電子の持つ電荷素量eの値自体は正であるが，電子の動きは負の電荷としてとらえられる。したがって電流は電荷の移動と逆向きになる。これを説明するためにPositive-hole（正孔）を持ち出して，話がややこしくなる。似たようなことで，今考えれば不合理なことも，一つ一つが発見の積み重ねで成り立っているので，電子回路ではこのようなことをうるさく追及しないことになっている（ただし，疑問を持ち続けることは新たな発見につながるので，このような気づきは大切にしてほしい）。

A 2.12 どれも正解と言えるが，それぞれに特徴がある。1) は，抵抗とLEDの全体の給電を切ることができるので，素子にとっては安全である。しかし電源線を筐体内で引き回すので，誤ってグランドに接触すると危険がある。2) は誤りではないが，メリットが見えない。3) はスイッチへの引き回し線がグランドに接触しても問題がなく，最も安全である。筐体自体がグランド電位になっているなら，引き回し線は1本で済む可能性がある。問題は，静電気に弱い半導体に直付け線を引き回してよいかどうかであろう。一般論で言うなら，3) で設計しておくと，スイッチをオープンコレクタゲートに置き換えるような応用に発展できるので，ワイアードORも併用でき，センスが良い。

A 2.13 真空管アンプでは，電極電位差の3分の2乗に比例した電流が流れる性質がある。古くからミュージシャンは，真空管アンプを使ってきて，その音が業界的に標準と考えられている。このひずみ波を作るにはディジタル信号処理が必要と思われるが，ひずませるだけなら，ダイオードスライス回路で波形をひずませてしまう方法がある。そのほか，トランジスターアンプの非線型領域で増幅する方法も考えられる。

第3章

A 3.1　例えば代表的なものに次のものがある。

電界効果トランジスター：ゲート電圧によって電流の導通を制御するユニポーラトランジスターである。FET(Field Effect Transistor) と略す。

MOSFET：電界効果トランジスターのうち，ゲート電極が半導体酸化物の絶縁膜を介しているユニポーラトランジスターである。

フォトトランジスター：ベース電流の代用として光入力によって電流を制御するトランジスターで，コレクタ－エミッタの 2 端子素子である。

ユニジャンクショントランジスター：1 本のエミッタと 2 つのベースにより 1 箇所しか接合部を持たないトランジスターである。

絶縁ゲートバイポーラトランジスター：pnpn の 4 層からなる半導体素子で，MOS ゲートで電流を制御する。IGBT と省略され，大電力のスイッチングに使える。

その他，各自で調査せよ。

A 3.2　例えば次の通り。

ベル研究所のバーディン (John Bardeen) とブラッタン (Walter Houser Brattain) が，1947 年にゲルマニウム単結晶で電流制御を確認した。これは点接触型トランジスターの最初の発見である。この発見のとき，ショックレー (William Bradford Shockley Jr.) は外出中であった。これが増幅に利用できることに気づいたショックレーが参加して，個体による増幅素子の発明として 1948 年に 3 人連盟で発表した。3 人は一緒に 1956 年のノーベル賞を受賞している。

トランジスターの命名はピアース (John Pierce) が Transfer ＋ Resistor の造語として行ったとの俗説がある。ところがピアースが書いた招待論文 [5] によると，少し違いがある。彼は 1948 年 5 月 28 日より前の日にランチから戻る途中でブラッタンに出会い，新しいデバイスの名前を必要としていると持ち掛けられた。1948 年 5 月 28 日付のベル研究所内部文書を見ると，「Triode 半導体」の名前付けと題した文書が 26 名に配布されていて（うち 2 通は保存用ファイルあて），次の中から名前を投票するように投票用紙が付いている。名前の候補は，Semiconductor triode, Surface States triode, Crystal triode, Solid triode, Iotatron, Transistor の 6 つである。Transistor の説明には，transconductance または transfer と varistor の合成語であることが記述されている。この内部文書から推測すると，おそらく投票によってトランジスターの名前が決まったのである。

トランジスター発明者の逸話：

ノーベル賞授賞式で家族を（お子さん 1 人以外）同伴しなかったバーディンは，グスタフ国王から「せっかくの機会に，なぜ奥さんお子さんを同伴しなかったか」と叱られて，バーディンは「次回は同伴します」と答えた。これは彼一流の冗談である。そして 1972 年に 2 度目のノーベル賞を受賞したバーディンは，グスタフ国王に「今回は家族同伴で参りました」と言った，というエピソードがある。冗談を本当にしてしまう，驚くべき科学者である。

一方で，ショックレーには人格的問題があると指摘する向きもある。1945 年 7 月，日本本土上陸作戦の予測をショックレーが米軍戦争省から依頼され，ショックレーは「500 万人から

1000万人の日本人を殺す必要がある。」と回答している。これにより米軍は，上陸せずに日本を降伏させる方針を決め，広島と長崎への原爆投下が行われたといわれている。

ショックレーは自身の研究所を作ったとき，ベル研から研究者を引き抜けなかった。しかしこのショックレー半導体研究所はシリコンバレーを形成するのに貢献した。新規採用した8名の有能なエンジニアはショックレーの研究所を辞めてフェアチャイルド社を設立した。フェアチャイルドセミコンダクター社は，第4章，第5章で，オペアンプの発明に関わる大きな貢献をした会社である。

トランジスターにまつわる話題の例：

点接触トランジスターに代わる接合型トランジスターはショックレーが発明した。シリコンを使った最初のトランジスターは，テキサスインスツルメンツ社のティール (Gordon Kidd Teal) が1954年に開発した。

トランジスターの材料には，古くはIV属半導体（シリコン，ゲルマニウム，炭素）が使われてきたが，その後III－V属半導体（ガリウム砒素，インジウムアンチモン）なども高速デバイスに向いていることがわかり，トランジスターの材料研究の裾野の広さが明らかになってきた。

詳細は各自で調査されたい。

A 3.3　B点は電源Vを2本の抵抗で分圧している。この分圧電圧は

$$V_S = \frac{R_2}{R_1 + R_2} V \tag{A.1}$$

である。入力信号$v_i(t)$は微小なので電圧0とみなして，コンデンサーC_1は右向きにV_Sだけ高電位になるようにチャージし，その分だけ入力信号がバイアスされている。テブナンの定理により，等価電源Eと等価インピーダンスZの直列接続が等価回路になる。計算すると

$$E = V_S + v_i(t) = \frac{R_2}{R_1 + R_2} V + v_i(t) \tag{A.2}$$

であり，インピーダンスは$v_i(t) = 0$，$V = 0$とおいて

$$Z = \frac{1}{j\omega C_1} // (R_1 // R_2) \tag{A.3}$$

のようにC_1，R_1，R_2の並列インピーダンスである。

A 3.4　**マルチバイブレータ回路**は方形波などのパルスを出力する回路で，非安定型 (astable multivibrator)，単安定型 (monostable multivibrator)，双安定型 (bistable multivibrator) の3種類に分類できる。いずれの回路も，コンデンサーの充放電現象とトランジスターのスイッチング作用を利用している。非安定マルチバイブレータは一定周期で発振を続け，単安定マルチバイブレータは一度パルスを発生して平衡状態に戻る。また，双安定マルチバイブレータは状態を記憶する。

回路詳細は調査せよ。

A 3.5　ハートレー発振器，コルピッツ発振器，ピアース発振器，ウィーンブリッジ発振回路などがある。詳細は調査せよ。

A 3.6　各自で調査せよ。

A 3.7　１つのトランジスターを高周波検波に使い，出力を戻してもう一度低周波増幅に使ってラジオ音声を増幅する仕組みである。各自で調査せよ。

A 3.8　オープンコレクタでのリレー駆動が参考になる。

A 3.9　各自で詳細を調査せよ。

A 3.10　ヒント：直流成分。

A 3.11　ヒント：同一特性部品の対称構造とコンデンサーやコイルのキーワードで考察せよ。

A 3.12　ヒント：Q のコレクタ－エミッタ方向の電流が増すと，コレクタ抵抗とエミッタ抵抗の電圧降下が大きくなることに注目する。また，出力信号の配線を伸ばしたとき，差動出力ラインへの外来雑音は同相で入ることにも注目する。

A 3.13　ヒント：ダーリントン接続は電流増幅率を高めた。また，パラレル接続は出力電流の定格を増やした。それらに対して，設問の回路では，耐圧を増やしていないだろうか。トランジスターが１つのときコレクタ－エミッタ間電圧が１Ｖとして，この直列接続で置き換えると，１つのトランジスターの電圧は 0.5 V なので，出力耐圧が２倍になる。

A 3.14　ヒント：Q_2 が導通のときと遮断のときの動作を考えよ。このようなスイッチは，ビデオ信号の切り替えに使える。

第4章

A 4.1　イマジナリーショートが成立する。また，接続によって仮想接地が成立する。これは入力端子の電流と電圧が０になるような特殊な回路（ヌレータ）が実現していることを意味する。出力は目的に一致するように発生し，このとき出力点が任意電圧で，任意の電流を流すという特殊な回路（ノレータ）が実現している。

A 4.2　第１は出力を発散させて使うためであり，シュミットトリガー入力の構成等，比較器の応用として用いる。第２はステップ応答を加速するために特殊なブートストラップ回路構造で実現する，特定周波数信号を消すエリミネートフィルターにツインＴ型回路を使う，などのためである。ただしネガティブフィードバックを十分にかけた上で使用し，ポジティブフィードバックは，安易に使わないことが基本である。

A 4.3　オペアンプ (Operational amplifier) という言葉が文献に現れた最初の論文は 1947 年の Ragazzini らの文献で，主要開発は G.A.Philbrick が受け持ったとされる。1960 年頃のオペアンプは真空管式で，微分方程式を解くためのシミュレーションが目的であったので，「演算増幅器」の名前が生まれた。今日ではパソコンで気軽に微分方程式を解くが，このころの意識の高い科学者はオペアンプを使った「アナログコンピュータ」で解いていたのである。それを支えた優秀な技術者集団が存在し，この時代の主要部品が今日のオペアンプとして残ったのである。

1962 年に Philbrick 社や Burr-Brown 社が，半導体を使ったモジュール型のオペアンプを発売した。同年，Fairchild 社の R.J.Widler らはすでに実用化されたディジタル IC の技術を応用して，オペアンプを**モノリシック**(mono-lithic) で作ることに取り組み，現在でも高速の部類に入る μA702 を開発した。続いて μA709 は空前の大ヒットになって，710，711 などのモノリシックオペアンプが揃った。モノリシックアンプは価格が手頃で，またシリコンチップ上にいくつものトランジスターを作れるので，それらの温度変化がよく揃うため，入出力特性が良い。こうしてオペアンプは全盛期を迎える。1967 年には Widler らが National Semiconductor 社に移って開発した LM101 などがヒットした。また，1968 年に Fairchild 社の Dave Fullagar が開発した μA741 型オペアンプは，性能面では不足があったものの，位相補償内蔵型の使いやすさが多くのユーザに受け容れられ，一躍ベストセラーになった。その後は各社が 741 の相当品や改良品を次々と発売した。

モノリシック FET のオペアンプの基本的な普及は，1976 年に発売されたナショナルセミコンダクター社の LM356 やテキサスインスツルメンツ社の 080 シリーズへと発展を遂げた。FET オペアンプは高速化，広帯域化が進み，1 チップに 2 つ，あるいは 4 つのオペアンプがパッケージ化された。

海外の文献には，技術の周辺や生い立ちを述べるものがある。こうした習慣は，プロフェッショナルの技術の厚みに関係すると思われるので，歴史を語ることは重要である。詳細は，さらに深く，各自で調査されたい。

A 4.4　ヒント：LF398 などの製品の内部回路を調べるとよい。

A 4.5　ヒント：多くの教科書で標準的に紹介されているので，参照するとよい。

A 4.6　$v_0 = 2(v_1 - v_2)$ である。Q4.7 を参照。

A 4.7　図 4.28 の回路を，解析しやすいように書き直した（全く同じ）回路を図 A.1 に示した。下側のオペアンプは

$$\frac{R_1}{R_1 + R_2} v_A = v_2 \tag{A.4}$$

であり，上側のオペアンプは，重ねの理を使うと

$$\frac{R_2}{R_1 + R_2} v_o + \frac{R_1}{R_1 + R_2} v_A = v_1 \tag{A.5}$$

である。上の 2 式をまとめると

$$\frac{R_2}{R_1 + R_2} v_o + v_2 = v_1 \tag{A.6}$$

であり，これを整理すると

$$v_0 = \left(1 + \frac{R_1}{R_2}\right)(v_1 - v_2) \tag{A.7}$$

である。ゆえにこの回路は差動増幅器であり，ゲインは抵抗の比により与えられ，高入力イン

ピーダンスで，可変部品のない精密な回路である（これに対して計測アンプは可変抵抗を使いゲイン調節する)。この回路では，ペアになっている抵抗値はばらつきなく同一のものを使うこと，特に抵抗 4 本とも精密金属皮膜抵抗を使うことに注意する。

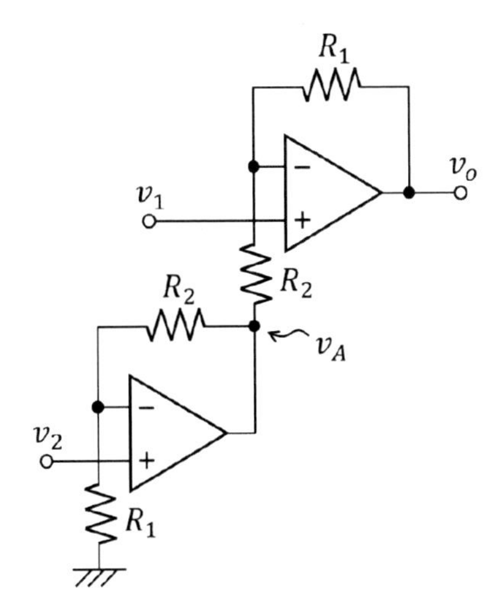

図 A.1　図 4.28 を書き直した回路

A 4.8　心電図計や脳波計では接触直流起電力が避けられず，直流分を消して入力インピーダンスを極めて大きくとりたいことがある。このようなとき，v_1 入力を C で受けて v_2 に導くと交流的に接続でき，直流分は伝わらない。一方で直流的に入力端子が開放になり，オペアンプは不安定になる。そこでプルダウン抵抗 R を追加したのが図 4.9(a) の回路であるが，これでは v_1 入力から見た入力インピーダンス R が避けられないし，交流的には $\sqrt{R^2 + 1/(2\pi fC)^2}$ のインピーダンスが避けられない。

このような場合には，図 4.9(b) 図の回路を採用すると好都合である。この回路ではプルダウン抵抗の中点にオペアンプ出力をフィードバックしており，v_3 と v_2 とが等電位になるので R_1 には電流が流れない。したがって，直流的な入力インピーダンスは無限で，交流的には入力がそのままオペアンプに短絡されるので，入力インピーダンスは極めて高い。

A 4.9　v 端から見た入力インピーダンス $Z = v/i$ を求める。オペアンプ出力から R_2 を経由して入力に至る経路には電流は流れず，オペアンプはボルテージフォロアとして働くので，出力電圧 v_0 がそのままオペアンプの入力電位になり，これはどちらの入力端子にも成り立つ。このとき

$$v - v_0 = R_3 i_1 \tag{A.8}$$

また

$$v - v_0 = R_1 i_2 \tag{A.9}$$

である。上の 2 式をまとめると

$$i_1 = \frac{R_1}{R_3} i_2 \tag{A.10}$$

である。また

$$v_0 = \frac{1}{j\omega C} i_2 \tag{A.11}$$

を式 (A.9) に代入すると

$$v - \frac{1}{j\omega C} i_2 = R_1 i_2 \tag{A.12}$$

であるから

$$v = \left(R_1 + \frac{1}{j\omega C} \right) i_2 \tag{A.13}$$

である。したがって

$$i = i_1 + i_2 = \left(1 + \frac{R_1}{R_3} \right) i_2 = \frac{1 + \frac{R_1}{R_3}}{R_1 + \frac{1}{j\omega C}} v \tag{A.14}$$

であり，ゆえに

$$Z = \frac{v}{i} = \frac{R_1 + \frac{1}{j\omega C}}{1 + \frac{R_1}{R_3}} \fallingdotseq \frac{R_3}{R_1} \left(R_1 + \frac{1}{j\omega C} \right) = R_3 + \frac{1}{j\omega C \frac{R_1}{R_3}} \tag{A.15}$$

である。その結果，$f < 1/(2\pi C R_1)$ のとき

$$Z \fallingdotseq \frac{1}{j\omega \left(C \frac{R_1}{R_3} \right)} \tag{A.16}$$

である。R_1 と R_3 との比を 10 000 倍にとっているので，この回路では入力端から見たインピーダンスが 10 000 μF の無極コンデンサーに見える。これほど大きなコンデンサーは実装が難しいので，この回路の工夫は有益である。なお，$f > 1/(2\pi C R_1)$ のような高周波信号では

$$Z \fallingdotseq R_3 \tag{A.17}$$

であるから，R_3 は小さめの値にしておくとよい。

A 4.10　ヒント：入力インピーダンスが気になる用途なので，非反転増幅器で受けて 10 V レンジのテスターで表示するのはどうだろうか。1 000 倍の増幅は，オペアンプ 2 段でそれぞれ 20 倍，50 倍くらいの縦続接続で構成すればよく，また，メーターで目視するのだから時定数 1 s くらいの LPF を粗く設計するとよいであろう。総合すると，倍率は高精度に，周波数特性は粗く，小型に電池駆動で設計すればよいだろう。

A 4.11　非反転増幅器の利点は，入力と同じ極性の出力が得られるのでブートストラップなどが組みやすい，入力インピーダンスを高くできる，反転側の入力端子が別の目的で使いやすい，などである。欠点は，入力に電流を使えない，ボルテージフォロアでスルーレートが悪くなることがある，などである。

A 4.12　ヒント：積分型，逐次比較型，ΔΣ 型など，多くの方法がある。本シリーズ第 1 巻『計測工学』に詳しく述べたので，参照せよ。

A 4.13　ヒント：非反転増幅器を使いたいが，ゲインは 1 以下にできない。そこでオペアンプ 2 個を使うのはどうだろうか。

第 5 章

A 5.1　ヒント：形は異なるが，機能としては RS フリップフロップである。実際に論理を書き込み，試してみよ。

A 5.2～5.8　省略

A 5.9　モノリシック（monolithic；1 つのシリコンチップ上の意味）オペアンプとしては 1963 年にワイドラー (Bob Widlar) が設計した μA702 や，高性能な LM108 が先んじていた。μA741 は，1968 年にフェアチャイルド社のフーラガー (Dave Fullagar) が設計した画期的なオペアンプである。μA741 が他社の製品に比べて使いやすかったのは，30 pF の周波数補償用コンデンサーをオンチップで内蔵したことによる。この時代にシリコンチップ上にコンデンサーを実装できたのは，フェアチャイルド社のみであった。こうして μA741 はオペアンプの代表的存在となり，各社から派生製品が製品化され，バイポーラ・アナログ回路設計の教科書で設計構造がお手本とされるほどの地位を確立した。

A 5.10　省略

A 5.11　正論理は高電位側 H（例えば +5 V）を「真，Yes，1」を，低電位側 L（例えば 0 V）を「偽，No，0」に対応付ける。負論理とはその対応が逆になり，正論理は高電位側 H（例えば +5 V）を「偽，No，0」を，低電位側 L（例えば 0 V）を「真，Yes，1」に対応付ける。

負論理の利点は頻度の少ない**タイミングパルス** (strobe pulse) などを L レベルにすることで，立ち下がりが急峻で，しかも強烈に電流を吸い込む素子により，確実で雑音にも強い動作が可能だからである。しかも，L レベルの頻度が少ないとすれば，電源消費電力も抑えられる。

引用・参考文献

[1]　矢部初男：電子回路演習，槇書店 (1988)
[2]　青島伸治：電子回路，近代科学社 (1992)
[3]　安藤繁：電子回路，培風館 (1995)
[4]　谷本茂：オペアンプ実践技術，誠文堂新光社 (1980)
[5]　IEEE：Special issue on the 50th anniversary of the transistor，Proc.IEEE, Vol.86, No.1(1998)
[6]　稲葉保，森口章成：七五調による電子回路技術定石集，CQ 出版社 (1991)
[7]　岡村廸夫：定本 OP アンプ回路の設計，CQ 出版社 (1990)
[8]　岡村廸夫：解析ディジタル回路，CQ 出版 (1976)
[9]　富田豊：すぐに使える！ オペアンプ回路図 100，丸善 (2006)
[10]　D.L.Schilling, C.Belove：Electronic Circuits Discrete And Integrated，McGraw-Hill (1968)
[11]　J.J.Brophy：Basic Electronics For Scientists，McGraw-Hill (1966)

索引

な

は

ま

や

ら

わ

監修者・著者紹介

久保 和良（くぼ かずよし）

茨城県石岡市生まれ
1979年　土浦第一高等学校卒業
1983年　筑波大学第三学群基礎工学類物理工学専攻卒業
1985年　工学修士，横河北辰電機（現・横河電機）研究開発2部
1988年　通産省工業技術院計量研究所（現・産業技術総合研究所）力学標準研究室
1991年　小山高専電子制御工学科助手
1994年　博士（工学）
2001年　群馬大学工学部電気電子工学科講師
2002年　JABEE審査員資格
2015年　小山高専電気電子創造工学科教授，現在に至る
2016年　長岡技術科学大学客員教授

（専門）物理工学，音響計測，電子計測器設計，新型コロナ感染症モデル
（趣味）地方史，科学随筆，スポーツドライブ，音楽，万年筆インク設計

井手尾 光臣（いでお みつおみ）

東京都生まれ
1989年　神奈川県立磯子工業高等学校電子科卒業
1989年　小山高専学生課技術職員
2005年　小山高専技術室第2グループ長
2007年　小山高専学生課技術専門職員
2008年　小山高専教育研究技術支援部技術室第2グループ長
2021年　小山高専教育研究技術支援部技術室技術専門員，現在に至る

（趣味）野球，バドミントン，映画鑑賞、家庭菜園

加藤 康弘（かとう やすひろ）

栃木県生まれ
2007年　小山高専電子制御工学科卒業
2010年　小山高専教育研究技術支援部技術室技術職員
2020年　小山高専教育研究技術支援部技術室技術専門職員，現在に至る

（趣味）電子工作（オーディオ機器の自作など）

◎本書スタッフ
編集長：石井 沙知
編集：石井 沙知
組版協力：阿瀬 はる美
図表製作協力：菊池 周二
表紙デザイン：tplot.inc 中沢 岳志
技術開発・システム支援：インプレス NextPublishing

●本書の内容についてのお問い合わせ先
近代科学社Digital　メール窓口
kdd-info@kindaikagaku.co.jp
件名に「『本書名』問い合わせ係」と明記してお送りください。
電話やFAX，郵便でのご質問にはお答えできません。返信までには，しばらくお時間をいただく場合があります。なお，本書の範囲を超えるご質問にはお答えしかねますので，あらかじめご了承ください。

電子制御工学シリーズ 2

回路設計

2023年9月22日　初版発行Ver.1.0
2024年1月26日　Ver.1.1

監　修　久保 和良
著　者　久保 和良,井手尾 光臣,加藤 康弘
発行人　大塚 浩昭
発　行　近代科学社Digital
販　売　株式会社 近代科学社
〒101-0051
東京都千代田区神田神保町1丁目105番地
https://www.kindaikagaku.co.jp

印刷・製本　京葉流通倉庫株式会社
Printed in Japan

ISBN978-4-7649-6063-3